この会社で幸せをつかもう

小杉　昌弘

善　本　社

はじめに

私は1944年４月、大阪市西区の下町で、父　小杉弘、母　チヨノの長男として誕生した。太平洋戦争の戦況がいよいよ厳しさを増す中、弘が鉄材商として独立したその年であった。

大阪は商都。商売の神様恵比寿様を祭る戎宮西宮神社を崇拝する父は、おまえは戎様《えびすさま》のように誰からも好かれる人になれ、えびす顔でいつもにこにこしていなさいと言われて育てられた。

名前は昌弘。太陽のように明るく、弘法大師のように聡明《そうめい》になれ。世の役に立つ人になれ。父小杉弘にとって４番目にして初の男子誕生により、いやが上にもその嫡男に大きな期待を寄せた。町内を「男が出た。男が出た。」といって飛んで回り、喜んだようだ。厳格な父であったが、こんなエピソードはうれしい。

45年3月、ついに大阪大空襲により焼け出され、激しい火災、硝煙の中、母チヨノの背中に背負われた昌弘はやっと生き延びたが、その後、煙にやられた幼子の目は開かず、両親を心配させたが、３ヵ月後にパッチリと目を開いて瞳を見せた。母チヨノは、「あの恐ろしい空襲の情景をこの子は見ていない。それは神様からの授けものだと思う。」とこのことを喜んだ。既に郷里浜松の在、北浜村に疎開させていた3人の姉も全員無事終戦となった。

私の兄弟はその後2人の妹が誕生し6人。私が成人になるにつれ、いつも両親から特別扱いをされ（姉や妹からの証言）大切に育てられた。自分にもその自覚はあり、姉妹には感謝している。

いきなり私事の話から始めて恐縮です。本題に入ります。

やまと興業は浜松で創業し、今年で70年になる。

44年に農機具類の製造（農鍛冶屋）からスタート、地元のオートバイ産業の勃興《ぼっこう》期にヤマハ発動機の協力工場となり、「進取の技術でニーズに応える確かな製品づくり」をキャッチフレーズに、お客様の求める技術をコントロールケーブルやパイプ加工品として提供してきた。治工具をはじめ製品を作る機械、装置の内製化に努め、コントロールケーブルはオートバイ市場のシェア60％を獲得することができ、パイプ加工技術も習得に励み、精度、耐久性が求められるエンジン周りの重要部品を任せられるまでに成長した。総合生産保全（TPM）活動も導入し、安全で生産効率のいい職場づくりにも社員全員で挑戦、大きな成果を上げることもできた。

そして95年、創業50年の記念式典で社員の夢であった自社商品の開発を宣言し、21世紀の光といわれる発光ダイオード（LED）を活用した「交通安全用具、ファンタジックライト」を売り出した。本業は常にナンバーワンを目指し、絶対手を抜かないで研鑽《けんさん》を続けることを条件とし、新しい分野市場に向けてスタートした。

最先端の日亜化学製青色発光ダイオードの発明により、このLEDを使い、日本初のエンターテインメント商品の開発を続け、人気アイドルのコンサートのペンライト、日本を代表するテーマパークの夜を彩るグッズなどに採用されるようになった。また、街を明るく彩り、そこに集う人々を華やかで豊かな気持ちにするイルミネーション商品を提供できていることをありがたく思うとともに、LEDで彩られた街並みを眺めながら幸せな気持ちになる。

本業で私たちは09年に「さあ　世界というステージへ　ものづくりは人づくり夢づくり」というスローガンのもと、世界を相手に本気で仕事をすることを決意し、中国、ベトナム、インドネシアに海外拠点を築いた。同時に二輪車プラス自動車のマーケットづくりを目指し、力強い企業体質づくりと愚直な努力のできる人づくりを進めてきた。この間、ピンチ逆境の中で本当にみんなが頑張ったおかげで、今までできなかった事業の構造改革、生産革新、そして海外生産で成果を上げることができた。

そこで、こういう立派な業績を築いてくれた愛する社員と、これからこの意志を継いでさらに会社を発展させてくれる将来の社員たちのために、創業者　小杉弘の遺した経営者としての足跡と語録、エピソードやお世話になった多くの恩人たちのことを記録として残したいと決心し、本書を著した。

2014年　春

小杉　昌弘

目次

第一章　創業者　小杉弘

人間的魅力とやまとのＤＮＡ

百姓家の次男坊として誕生する

父　弘の丈は小柄でもすばしっこく、利かん気の強情さもあるというか、豪胆で思い切ったことを平気でやってのけるという一面もあった。人から頼まれると「いや」とは言えない、任侠《にんきょう》心も持っている。小学校時代はいたずらっ子、勉強はよくできた。

数々のエピソードは懐かしい語り草として残っている。弱い者いじめは大嫌い、上級生でも容赦はしない。小さな親分は友達の間では大の人気者で、「弘《ひろ》ちゃ、弘ちゃ」とみんなから慕われた。浜松にある北浜小学校受け持ちの松島舜治先生は「小杉は体は小さいが、なかなか気骨のあるやつだ。」と言ってかわいがってくれた。雀の巣を屋根に上って探し回る弘に向かって、「小杉、下りてこい。早く下りてこい。頼むから下りてくれ。」と涙を流して叱責してくれた松島先生が好きだった（後に恩師を政治家に送りだすことになる）。姉、兄、弟、妹2人の6人兄弟はみんな仲がよかった。そして長寿の家系でみんな長生きをした。

笠井小学校高等科3年を卒業する

家業は機屋《はたや》で、卒業後機屋の仕事を手伝わされた。地味で根気のいることは大嫌いであった。「どうも機屋は俺の性分に合わん。何かほかにでっかいことはないかなあ。」と常に思っていた。地元横須賀青年団では祭に出す芝居を夢中で演じ、仲間からも地元の人からも一目置かれる存在になっていた。その頃、大阪には面白い仕事があるそうだというわさを聞きつけ、「よーしっ、大阪に行こう。」と心に決めた。両親に話せば無論反対される。悶々《もんもん》の日々が続いた。

大阪に向かった頃の父　小杉弘

弘には1人の叔母がいた。近くに嫁いでいた。叔母を訪ねて自分の意中を訴えた。「おまえが相談に来るまでにはいろいろ考えた上のことだろう。止めはせん、大阪に行ったら一生懸命働いて偉くなったら帰っておいで。それまではどんなに苦しくても帰って来るんじゃない。家の人には私から言ってやるから。」と励ました上、旅費までくれた。この叔母の言葉を心に秘めて頑張ったものの、大阪は大きな試練の場であった。

大阪で枡谷寅吉代議士に認められる

大阪第３区選出の枡谷代議士の目にとまることとなり、玄関番などをして仕えた。同氏の経営する洋画劇場が不入りで困っていた時、弘は「10銭万才」に切り替えて、このアイデアが大当たりした。こうした弘の手腕を認め、高く評価してくれたのが、「銀たんぽ」の経営者渡辺晃雄であった。２人は入魂《じっこん》となった。

渡辺氏は大衆食堂を幾つも持つ商魂のたくましい人で、かつては登記所の所長まで務めた人。物分かりのよい人格者であったので弘は心から尊敬した。食堂は客の出入りが多くて忙しかった。長い間には知人もでき、珍しい金儲《もう》けの話があった。九州博多沖に沈んでいる船の引き揚げ話には頗《すこぶ》る興味を覚えた。成功すれば大金を儲けることができる。「できるできないは時の運一つ。力試しにやらせてくれ。」渡辺氏からいろいろ指示を仰いで九州に飛んだ。渡辺氏の教えに従い、手順よく八方手を尽くし、その結果、さしもの大事業を見事に成功させた。早速、大阪に帰り、渡辺氏から大いに褒められ、信頼を勝ちとった。

鉄材商として創業する

北九州のある炭田には、炭鉱で使った鉄が屑鉄《くずてつ》として山積みされたまま放置されていた。弘は各方面に手を打って「一山いくら」と目測で値を付けて買いとった。そして大阪に運び、売り捌《さば》いた。この仕事も大当たり、一方、この屑鉄で「つるはし」を造り、軍隊に納め、思いがけない金を儲けることができた。このお金を有益に使いたい。この時弘は小学校時代のことを思い出し、松島先生はじめ先生方を懐かしかった郷里の同級生に相談した上で、せめてもの御恩返しと後輩たちのために、学校の教材用にと「グライダー」一機を贈って謝意を表した。

創業時の父　小杉弘

太平洋戦争も苛烈となり、本土攻撃の心配が出てきて大阪も安心できなくなった。弘はまず家族を郷里に疎開させると同時に、郷土のため物資斡旋《あっせん》を兼ねた「遠州物産」という店を出した。人々の便を図るとともに、大阪には浜松工機大阪出張所をつくった。弘は大阪と郷里との間を往復して事業を興した。時に44年のことだった。

『やまと興業株式会社』を設立する

やまと興業設立の両親

45年3月、大阪も空襲のため廃墟と化し、店は跡形もなく吹き飛んだ。郷里に引き揚げた弘は浜松の貴布祢《きぶね》に東芝の疎開工場が放置されているのを知り、これを入手して、手持ちの材料をもとに、ここで農鍛冶を始めた。戦災工場はいまだ立ち上がっていない。食料難は深刻で、自給のための努力が払われた。鍬《くわ》、鋤《すき》、鎌などの需要が旺盛で飛ぶように売れた。職人も20人ほどいて、製造に修理に忙しかった。工場には困っている人、囚人、施設の少年たちも預かって家族と同居させ、世話をした。厳しい反面、情味豊かな人柄であった。そのため静岡県少年鑑別所長から表彰された。

日本も戦後の復興期に入り、地元遠州地域は繊維工業が全盛期を迎え、村の至る所から機屋の布を織る音がガチャガチャと聞こえていた。いわゆる「ガチャマン時代」

となっていた。弘も事業を拡大させるべく、51年1月、静岡銀行小松支店長の竹内松雄氏から融資を受け、資本金15万円で『やまと興業株式会社』を設立した。社名の「やまと」は日本国を表し、「興業」は広くあらゆる産業に視野を広めて事業を興すという意味であった。

本社の所在地は自宅（小野口村小松）に置いた。

農機具　鋤、鍬

県議選に出馬するも落選する

弘は遠州特産の小巾織物の織屋をしたり、当時モダンな服地として人気の別珍、コールテンの事業も手掛けた。女房チヨノの郷里九州から女工を呼び寄せていた。

一人だけ残った社員　山本俊男氏

弘はやがて政治に興味を覚え、衆議院選挙で竹山祐太郎氏を、県議会議員選挙では恩師松島舜治氏を担ぎだし、見事当選に導く立役者として各地を奔走した。その間、事業は人任せとなり、主人のいない工場、事業はやがて左前となっていった。

弘の政治への野望は静岡県議選への出馬となり、55年、民主党総裁鳩山一郎の公認候補として戦ったが、次点に散った。この時、弘は選挙資金が既に欠乏していて、有り金のすべてを使い果たしていた。雇用人も次々と去り、事業も縮小、農鍛冶の工場一棟だけが残っていた。落選という惨めな結果は家族にも大きな試練を与えることとなったが、みんなで協力し合ってこの窮地に立ち向かっていた。姉２人は西遠女子学園に、そして中学、小学校に行っていた子どもたちも「いじめ」をしっかりはねのけていた。

選挙を応援してくれた友人たちの中にも弘の行く末を心配して、森下馨、中安忠、池島伝の三氏が傷心の弘を励まし続け、よく自宅を訪問した。農鍛冶職人山本俊男は「俺は大将についていく。」と一人だけ残ってくれた。弘にとって忘れることのできない恩人だった。弘は45歳になっていた。

第二創業始まる　コントロールケーブル事業スタート

家族を養うため、弘は今までの生活を捨て、ネクタイを地下足袋に履き替えて懸命に働いた。朝履いた地下足袋は夜まで履いたまま仕事に熱中した。誰もがその変貌ぶりに驚き、「小杉は乞食《こじき》になったたか。」といぶかる者もいた。

しかし55年5月、ヤマハ発動機が浜北でオートバイ製造を開始するに当たって、やまと興業の技術と堅実さを信頼、協力方を依頼してきた。農鍛冶の鉄を細工する技術が役立った。会社はにわかに活気づいた。最初の仕事は工場内で使用する道具づくりであった。どんな注文にも誠心誠意臨み、次第に治工具、車体組み立て用の台車、エンジン組み立て用の治具も任された。ヤマハ発動機の工場内の施設や機械のカバー、安全装置・治具棚や工場の大屋根につける大型換気扇の設計、施工まで任されるようになり、弘は「アイデアマンで何でも任せておけば大丈夫」と期待に応えていった。弘の出張仕事の終了後は周りにチリ一つ残さない徹底したものだった。

そんな弘の仕事ぶりを高く評価したヤマハの幹部は、現在の主力事業となっているコントロールケーブルの製造の打診をしてきた。58年のことだった。矢崎計器から仕事の譲渡を受け、困難を極めたが、斎藤隆氏ほか大勢の技術者の支援、指導のおかげで製品造りに成功した。硬鋼線、インナーロープは鈴木金属工業から、構成部品の挽物《ひきもの》は赤堀螺子から、ゴム部品は古澤ゴムから購入した。

いよいよ念願のオートバイ部品メーカーとしてスタートすることになった。

パイプベンダーの技術を習得する

63年、郷里の北浜村横須賀に第二工場を建設する。船外機エンジンを冷却する複雑な三次元曲げ形状の部品（ウォーターチューブ）を受注した。関西のメーカーの部品精度が不ぞろいで、その修正を任されたのがきっかけで、当時としては独創的な曲げ治具、加工機を開発し、メーカーの品質要求に応えた。多額の報奨金をもらって感動した。

この頃、オートバイの販売も伸びて生産量が拡大する中、ヤマハはＹＧ１（75ＣＣ）型式が大ヒット、次の主力事業となるオートバイハンドルの受注に成功した。弘は外部から技術者吉田八郎氏（後に常務取締役）を招聘《しょうへい》し、石川播磨重工製の最新式油圧ベンダーを購入、工場は活気に満ちた。その後、エキゾーストパイプなどクロムメッキの装飾品、外観部品の受注が相次ぎ、直管バフ研磨機が威力を発揮した。仕上げはバフ研磨職人が腕を競った。

その後、４サイクルエンジンのオートバイが開発され、性能を左右するエンジン周りのオイルパイプなどの細物パイプを加工した部品も順調に受注できた。重要保安部品を作ることで検査、品質保証体制も充実、親会社からの信頼も厚くなっていった。

女性だけの天竜工場を開設する

コントロールケーブルの生産は人手を必要とする。受注拡大を受けて弘は天竜市の空き工場を譲り受け、64年、女性だけの工場を設立した。当時はいまだ女性が働きに出ることは抵抗のある時代で、安心して女性が勤めに出られる環境は と考え、このことを思い立った。従業員の自主性を尊重し、女子従業員全員の中から10人に一人の割合で幹事5人を選出させ、その代表（工場長）に労務の管理、運営の一切の責任を委ねる思いきったシステムを打ち出したのだ。この方法は見事に成功して好成績を収めた。初代工場長は実森房女史。元小学校の教員で従業員からの信頼も厚く、新聞、テレビなどの取材のたび、明るい愛《あい》嬌《きょう》のある笑顔で受け応えのできる才女であった。

弘はこの大胆な仕組みの誕生について次のように述べている。「人は任せれば必ずそれに応えてくれる」「任せ

女性だけの天竜工場

る」ということは心配が先に立つほど勇気がいることだが、信頼されていることが相手に通じれば、自分が期待している以上の成果を出してくれるものだ。「任せて、任される。」これは人の生まれながらに持っている人間としての基本的な能力に違いない。重たい物も大勢で持てば持ち上がる。難しいことはみんなで相談すれば解決する。女性の母性としての能力。根気強く、粘り強い性格はコントロールケーブルの組み立て作業にうってつけの仕事であった。70年には本社工場と天竜工場の合計生産数は月産45万本を超えた。

弘は晩年、孫の知弘（現取締役）を連れて増改築された天竜工場を訪問し、忙しく働く従業員と会話するのが楽しみであった。「会長さん、会長さん」とみんなに慕われた。

中小企業合理化モデル企業に認定される

弘は会社の経営を人並みの軌道に乗せるため、浜松市の鈴木猛公認会計士事務所の指導を受けていた。鈴木猛先生は資格を取るまで小野口村の織布会社の事務員として勤務していた縁で、年長の弘の会社設立時から面倒を見ていた。顧問料が払えない時期も温かく見守り続け、弘にとってかけがえのない恩人の一人である。猛先生の勧めで政府の中小企業育成資金である「近代化資金」の融資を受けることができて、63年以来、静岡県中小企業総合指導所の指導の下、合理化に努め、70年には「優良受診企業」として県知事表彰を受けるに至った。

メイン商品のコントロールケーブルはこの年月産45万本の生産を上げ順調、パイプ加工部品もオートバイのハンドル、エキゾーストパイプ、オイルパイプ、船外機部品も売り上げを伸ばしていた。事業の原点である工場内設備の仕事も引き続き伸長し、自社で使用する専用機や合理化機械の開発製造等多角的な営業活動に邁進《まいしん》した。

この結果、念願の中小企業合理化モデル企業に認定された。81年、国の中小企業庁からの伝達式は弘にとって大きな誇りであった。以来、この制度は15年ほどで廃止されたが、静岡県内の認定企業17社の交流は研鑽と親睦を中心に現在も続いている。

浜北機械金属工業協同組合の設立に尽力する

浜北市の誕生は63年に一町四村が合併、そして浜北市商工会が結ばれ、市内の商工業者は一丸となって地域発展を目指すこととなった。鉄工業界も66年任意の組織が呼びかけ、これら浜北機械金属工業組合が発足した。69年、中小企業等協同組合法に基づく組合へと発展、同年6月、創出総会を開き、小杉弘が初代理事長に推挙された。朝日電装(手嶋織正)、渥美工業、浜北工業(渥美敏司)、サクラ工業(平野一夫)、東洋濾機製造(山崎卯一)、やまと興業(小杉弘)と多士済々80社が加入した。中小企業団体中央会の指導の下、原材料の共同購入、金融事業、リース事業、組合員の教育および情報の提供、福利厚生などに取り組んだ。最も力が入ったのが労務改善に対する事業であった。また同年8月、職業訓練施設、浜北共同職業訓練所の県知事認定を受け、鉄工と大工合わせて40名の養成が

浜北機械金属工業協同組合創立記念

スタートした。初代校長には生態達雄氏が就任した。次代を背負う青少年工の育成に対する組合員の期待は大きかった。訓練校はその後、県の施設が開校するにつれ、現在は植木技術者を養成する事業が継続されている。タフな行動力、勝れた英知と果断、そして実行力は豊かな人間味と相まって弘は業界に尽力した。

現在、組合も構成員が60社に減少しているが、鳥山勝也（小松工業）理事長を中心に海外技能研修生事業も新たに受託し、活発な活動を展開している。私　小杉昌弘（やまと興業）も副理事長として組合を支えている。

自動車規格（JASO規格）、二輪自動車コントロールケーブル規格委員となる

日本自動車工業会が68年に制定した「二輪車用コントロールケーブル規格」をベースに、JASO規格に包含すべく計画され、71年に審議がスタートした。ヤマハから推挙されて弘が規格委員として参加した。委員長は川崎重工業の八田和夫氏で、東京の自動車部品会館で開催され、弘はインナーワイヤーの規格制定のため、調達先であった鈴木金属工業の協力を得て取り纏《まと》めに奔走した。このことが縁で当時の社長村山祐太郎氏の絶大なバックアップもあって、鈴木金属工業所有のインナー撚《より》線《せん》機ほか多数の設備を譲り受け内製化した。これによりケーブルの一貫製造が達成された。規格制定は各社の思惑が交錯して難航したが、十回の審議を経て、72年制定され、自動車技術会よりJASO7214（T001-12）が発行された。この規格は4回の見直しが行われ、現在に至っている。第2回からは小杉昌弘、氏原史郎が委員として参加している。

走る、止まる、この車の基本動作を正確に伝えるケーブルを総称してコントロールケーブルと呼ぶ。機能分析、性能テスト、価値評価から得られる高品質、高信頼性、実効価格によ

り評価を得ている。ケーブルは硬鋼線材、ワイヤーロープ、塩化ビニール、ポリエチレンなどの樹脂、切削部品となる鋼、黄銅、アルミ材、耐蝕性が求められる亜鉛メッキ、クロムメッキ、そして寿命に大きく影響する潤滑材。防じん、防水を保証するゴム部品などあらゆる専門分野の英知を集めて制定されている。ただしパテントやノウハウに相当する部分は踏み込めないが、この規格は重要保安部品を製造する業界の発展に寄与してきた。

障害者、高齢者の積極雇用

戦後の混乱期、浮浪児の面倒をみていた弘には、学校で落ちこぼれたり、学力についていけない子供の親から就職依頼が次々と舞い込んでいた。「八分《はちぶ》の人間でも十分の努力をすれば責任をもって預かる」。親と子で協力して勤めさせることを条件に「あすから来なさい」と雇用した。心身に障害のある方は世間を斜めにみたり、ひがみ根性を持っている場合があるが、やまとの職場では、弘のやさしい思い入れがあり受け入れた。

「素直であれば手が遅くても良い。確実な作業をさせる。会社を休ませない。」弘の方針は職場で理解されて、職場全体が面倒をみる土壌ができた。75年には障害者は25人を超えていた。労働大臣から表彰され、働きやすい職場を着々と整備していった。障害者雇用のモデル事業所となっていた。

弘は60歳定年後も働く意欲のある従業員をずっと継続雇用した。健康であれば知識も技能もまだまだ現役、やる気も若い者には負けないという大手企業のリタイア組、自衛隊50歳定年組も積極的に採用した。やまとにはいまだ育ってない現場力、統率力、企画力、改善力、英語力を持った有能な方々も多く、若手社員にとって人生の師、目標となる人材が活躍してくれた。時間はかかったが、彼らは働きやすい誰もが安全で能率的に働くことができる職場をつくってくれた。

時代を少し先取りしたこれらの施策は国の認めるところとなり、03年高齢者雇用開発コンテストで労働大臣優秀賞を受賞、ＮＨＫテレビで全国に報道された。弘が事業を興した当時の「人を大事にする経営」の遺伝子が脈々と受け継がれていると言える。

本社を移転し、格好のいい環境を整備する

国道152号線（二俣街道）沿いで郵便屋さんがいつも楽しみにしている配達先があった。郵便物を届けると、明るく元気な声で「ご苦労様、ありがとう」と一斉に挨拶《あいさつ》ができる会社があった。弘の指導は事務員に徹底していて、心から誰もが挨拶できた。「売るもお客様、買うもお客様」。この会社に出入りする人はみんなお客様と教育した。地元の高校の先生からも評判が良く、新卒も順調に採用できていたが、昭和40年代初め事件が起きた。入社予定の高卒7人全員が辞退を申し出たのだ。理由は「会社の建物が古く、格好が悪い。こんな会社に勤めたと友達に恥ずかしくて言えない」だった。弘は激しいショックを受けると、直ちに本社工場を建て直した。始末して節約して働く人に少しでも多く給与を還元することを優先していた。働く人のプライドを考えないで事業をしていた自分を責め

厚生会館地鎮祭

た。以来、弘は横須賀に本社を移転させるが、工場で働く人の環境を常に最優先で考え、格好のいい建物、手入れの行き届いた植木を植え、日だまりで緑を楽しめる庭も造った。72年、中小企業庁長官表彰を記念して社員厚生会館（鉄筋コンクリート3階建て）を建設した。大量入社辞退という苦い経験から格好のいい環境は働く人の前に進むエネルギーだ。その時にできるベストを尽くして環境の整備をする。人は誰でも夢みる年頃を過ぎても、時の彼方に大きな夢をみていたい。一人ひとりの持っている夢が、いつかとてつもない技術を生みだし、未来を切り開くエネルギーとなって前進を続けるはずだ。弘は常に前を見続けていた。

ニクソン・ショック、オイルショック（第1次、第2次）に遭遇する

70年、ヤマハ協力会で海外視察が行われ、弘も参加した。当時、アメリカへの二輪車の輸出は絶好調で市場は好景気に沸いていた。年率20％を超える増産が続いた。初めてのアメリカは何もかもが度肝を抜くスケールであった。同時にこのアメリカに戦争を挑んだ愚かさを痛感して帰国した。弘はこの時、アメリカ経済の異変に気付いたという。「何かおかしい」。やがてそれはニクソン・ショックとなってオートバイの輸出が事実上ストップ、アメリカは日本経済に大打撃を与える事件となった。金とドルの交換を停止し、一ドル360円が一夜にして240円に暴落したのだ。輸出産業は軒並み大減産、国内景気は一気に冷え込んだ。弘はこの年、建築コストが下がったのをみて、厚生会館と本社第二工場建設に踏みきる。二輪車生産は翌年、原価作り込みに成功して再び力強い輸出競争力を回復し、成長軌道に戻っていたので不況時の設備投資は弘の思惑通りうまくいった。

その後、為替は安定していたが、82年に原油の価格が突然値上がり（4ドル／バーレルから10ドル超）、再び日本はオイルショックと名付けられた未曽有の大不況に突入する。庶民はトイレットペーパーの買い占めに走り、価格は高騰、市場からあらゆる物資が姿を消した。

アメリカをはじめとする各国は保護貿易主義に走り、日本製品のボイコット、輸出課徴金の制裁などで日本の輸出産業の花形であった自動車、オートバイは再び大打撃を受ける。安い工業製品の日本への流入も始まり、産業構造の転換期に突入していった。

突然社長を退任する

弘はこの年（82年）、73歳になっていた。「不景気が来るかも」なにやら得体の知れない不吉な予感を感じていた。さらに借金に行った主力銀行、静銀の支店長に「小杉さん、お幾つになられました？これから10年の保証は……」とやんわり融資を断られたのだ。これがきっかけで専務を務めていた息子の昌弘に社長を譲る決心をし、その足で判子屋へ行き、代表者変更の横判を頼んだ。誰にも知らせないまま判子が届いたことで事実が発覚、大騒動となったが、社長交代は案内状を発送するだけの簡単なものであった。

後にＨＹ戦争と呼ばれるホンダ対ヤマハの国内販売競争がエスカレート、オートバイの生産量はこの年、過去最高の700万台に伸長したが、83年は450万台、84年は400万台となった。乱売による国内販売不振とオートバイの現地生産シフトが重なった結果の大減産であった。ヤマハを主力とするやまとも大変だった。

弘は社長退任時「おまえに社長を譲る。受けてくれるか。」、「ハイ。おやじの無一文からのスタートは承知している。全財産を失ってもいいなら受ける。」こんな会話が交わされた。38才の新社長に対し「俺の目玉の黒いうちは存分に新社長に頑張ってもらう。苦労は買って

会長を囲んで

でもやれ。」と余裕を見せていたが、状況は非常に緊迫し、厳しいものとなっていった。一方、輸出関連企業として円高は容赦なく経営を圧迫し、85年9月1ドル218円、86年3月180円、86年9月154円、87年6月には138円まで高騰していた。新社長はとどまるところを知らない円高の進展の中、会社経営を弘の助言を受けて進めていった。生産性向上活動（チャレンジダブルス）を全社展開するとともに、新分野商品（ICリードフレーム、電子部品、エアコン部品、パワーステアリング部品などの自動車部品）を導入し、海外進出へと準備を進めた。主力商品売価も20％を超えるコストダウンの洗礼も受け入れていた。

弘はこの時の心境を親しい友人に「息子のやることが危なっかしくて見ておれない。熱い風呂の中で急所をギューッと握って身動きできない状況だ」と述べている。

初の海外進出はマレーシアへ

浜松で生まれ育ったオートバイ産業が、東南アジアで工業化の担い手として脚光を浴び始めた86年、ヤマハがマレーシアでコントロールケーブルの現地調達化をすることになった。華僑のマレーシア人がケーブルの製造ライセンスを取得していて（AMNJAYA社）、ヤマハの指示もあり、技術援助契約を結び、日本からやまと製の機械設備技術を持ち込み、事業がスタートした。

91年、44％出資の合弁会社（ヤマトマレーシア）に発展、初の海外進出となった。AMANJAYA、やまと興業、山宏貿易はコントロールケーブルのほか、マレーシア最大の自動車メーカー、プロトン社との取引を目指し、取扱品目もスピードメーターケーブル（ヤザキ）、パワーステアリングパイプASSY（明治ゴム化成）をやまと主導で計画し、重要な機能部品の生産に向けて心血を注

ヤマトマレーシアオープン

いだ。

92年1月、弘は工場竣工式に日本から大勢の幹部社員と共に車椅子で参列した。足腰が弱っていたが、式典ではマレーシア政府の高官やヤマハの幹部の祝辞を晴れ晴れと聞き入った。テープカット、植樹、そして工場披露まで実に華やかで盛大な式典を行った。

不幸なことにこの事業はパートナーＬ氏の不忠、不誠実で悪意のある行状が原因で3年の短命に終わった。今思い返しても痛恨の極みである。

弘は海外に資本を拠出するに当たって、「撤退する時の原資を余裕をもって準備すべし」、「海外への投資は身の丈を考えて、覚悟を決めたら損切りは短期間のうちに実行すべし」。この会社の清算は逃げ回る相方との交渉を弁護士に委ね、1年という短期間で終結をした。いずれも起きてはならない不幸な事実が現実となったが、弘の遺志が生かされた。

永眠

マレーシアの事業立ち上げや娘婿の独立など心労があったのであろう。足腰は弱ったものの健康であった弘の左足首がむくみ、紫色に変色し、痛がった。大先生から親交のある高倉信孝先生の往診を受け、緊急入院の手続きがとられた。足首の血管が詰まって血の流れが悪くなっていた。毎日仕事の報告にくる社長に寿司を食べたいとねだったり、盆義理（静岡県遠州地方の習わしで、初盆の年、新盆宅を訪問し、霊前にお供えをする行事）の指図をして順調な経過であった。治療を始めて1週間がたち容体が急変した。今度は小腸の動脈が詰まった。血栓が飛んだのだ。手術はできないという。聖隷三方原病院の懸命の治療も家族の介護も及ばず、7月17日、静かに息を引き取った。安らかな死に顔で周囲を安心させた。享年83歳。

葬儀は横須賀宝珠寺で執り行われ、境内には大型テントが張られ、花輪の列は延々と外の道まで続いた。葬儀委員長は永易均氏（ヤマハ）、副委員長は会社の吉田八郎、近藤翁が務めた。真夏の猛暑の中、弘の棺を乗せた車は本社工場で待ち受けるわが子のように愛していた従業員に最後の別れを告げた。彼らの掲げる横断幕には「会長ありがとう」と大書されていた。車はゆっくりその場を離れた。弔問客が各方面から訪れ、葬儀は長時間にわたったが、仕入れ先のナイス（株）岡田莞爾所長が尺八をずっと奏でてくれて一層荘厳なものとなった。

家族に臨終の間際に贈ったことば（遺言）

若い者は勉強しなさい
おじいちゃんより年下はみんな若い者
責任ある生き方をしなさい
自分にも責任をもって
自分より他の人にも責任をもった生き方をしなさい
勉強しにゃあいかんよ
努力しにゃあねえ
一生懸命やらんとねえ
みんな仲良くしにゃあねえ
そうだよお

小杉　弘

1992年7月16日

晩年の小杉弘

小杉弘語録

弘は新入社員の研修にはいつも講演をした。研修会には新入社員の親も同席させた。子供を親の後ろに立たせ、「今からきょうまで育ててくれた両親に心を込めて肩を揉《も》め」と命令、みんなそれに従った。感極まって涙を流す親御さんもいた。肩を揉む時間は長い時間ではなかったが会場はいつも愛情で包まれた。

一、自動車の免許証の取得と新入社員の教育の共通点
　「実技と学科」の両方が必要。社会に出て実技をまず鍛えなさい。今は初心者マーク。

二、不況は今が最悪ではなかった
　戦前の大不況、戦後の焼け野原からの復興、先人たちは乗り切った実績をもっている。

三、社長は指揮者である
　後を振り返って兵隊がついて来ない戦いは負ける。人心をつかめ。

四、幸せは会社の業績を通じてつかむ
　苦労し働くことである。先輩がこの会社の繁栄を築いてくれた。感謝の気持ちを忘れる

な。

五、努力をすれば必ず報われる

仕事がきつい時は今、自分を磨いている、成長していると受け止める。

六、「勤める」ということ

「5時が来たら仕事はおしまい」という人はそれまでの人、相手にされないつまらない人。

七、小言と愚痴は言っても始まらない

親は絶対なもの、親があって子がある。

愚痴を言うと貧相になる。笑顔で通れる人になれ。

八、人は任せると責任を持ってやり遂げる能力をもっている

天竜工場は工場開設以来、女子だけで運営している。任せればやってくれる。

第二章　二代目社長
小杉昌弘の軌跡

生い立ちは坊ちゃん

一、戎様《えびすさま》のように誰からも好かれる人になれ

私は父・小杉弘、母・チヨノの長男として、44年4月3日に大阪市西区の下町に生まれた。父方は現在の浜松市浜北区横須賀で位牌の記載によると1664年（寛文4年）から農業を営み、父の祖父の代から遠州絣《かすり》の機屋《はたや》をしていた。母方は九州宮崎県都城市の農家で小山家の一門吉川の次女として誕生した。母チヨノの母方の実家である徳永家（熊本県荒尾市）の一門硯田家に後年チヨノの娘成子が嫁いだ。弘とチヨノは大阪で結婚した。

私の父は、太恵茂（祖父）、みか（祖母）の次男。男3人兄弟（喜一、弘、正市）と長姉（マサ）と2人の妹（イト、けん）の仲の良い6人兄弟であった。

父の長兄の喜一は長男哲彦を遺《のこ》し早世《そうせい》したので、父は実家の世話をよくみていた。弟の正市は3人の子（耕一郎、圭司、欣史）を遺して44年に戦死した。

私は「生まれてきた時から笑っていた」といわれるほど愛想のいい赤子だったようで、大阪の下町の近所のオジチャン、オバチャンはヨチヨチ歩きを始めた私に戎《えびす》神社のエベッ様踊りを教えて面白がっていたそうだ。私は今でも興に乗ると、その踊りを人前で披露するが、

多分これは後年、父母が改めて教えたものだと思う。45年3月の大阪大空襲では大切な家財道具や思い出の写真など全て失われたが、唯一、母が持ち出した柳行李《こうり》には私のオシメが詰められていた。今、この柳行李は私の手元にある。

大空襲で焼け出された後、大阪を引き払い、父の郷里（浜松市浜北区小松）に引っ越したが、姉（美佐子、成子、京子）、妹（房子、和代）の6人兄弟の中で一人だけの男子として大切に育てられた。父母の愛情と姉妹の優しさに包まれて「お坊ちゃま」であったらしい。名前の昌弘は太陽が2つある「昌」は明るい子に、父の名前と弘法大師からいただいた「弘」は知性のある子に育つようにと名付けられた。

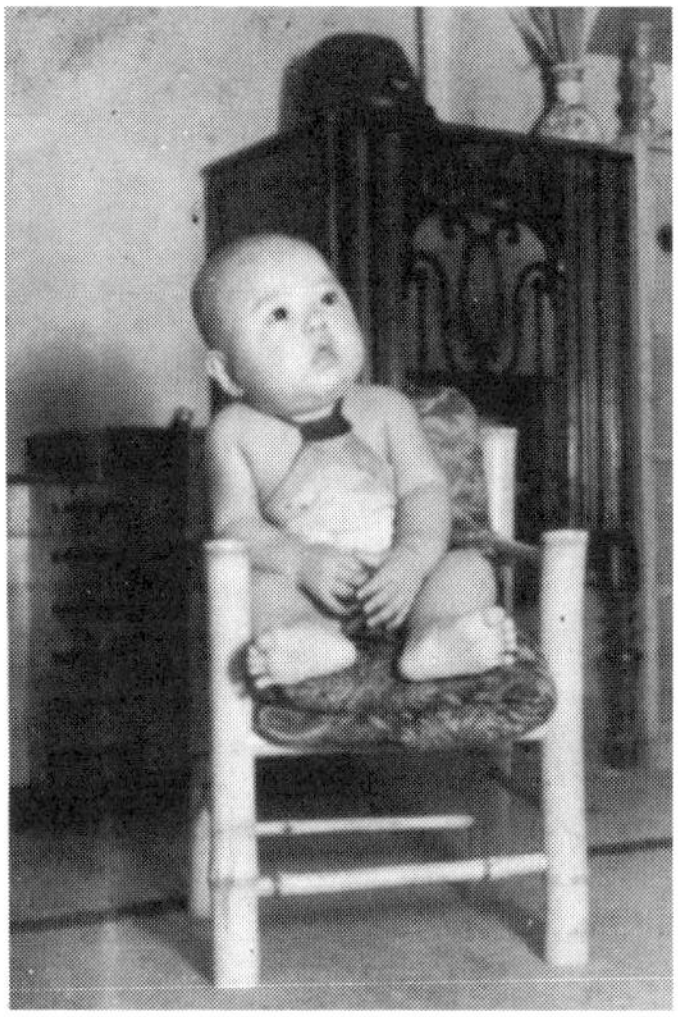

大阪で誕生　自宅の小杉昌弘

父の実兄の嫡男《ちゃくなん》小杉哲彦・ヒサ子夫妻の家には、8月の諏訪神社のお祭りに、従兄弟10人余りが泊まり込んで祭りを楽しんだ。広い屋敷で走り回った子どもたちの食欲は旺盛で食事の時間は凄まじかった。叔母のイトとヒサ子は子どもたちの世話が大変だったと思う。私は従兄弟の中では年少だったが、男兄弟がいなかったこともあり、父の実家の祭りに呼ばれるのがいつも楽しみであった。従兄弟の神谷明良、征男、利男、正一、小杉耕一郎、欣史には特にかわいがってもらった。

二、「房ちゃんのケガ」で全校弁論大会に出場

私は4月生まれであったので、小学1年生では何でも良くできた。親が幼稚園に行くよう勧めたが、遊戯で女の子と手をつなぐのが恥ずかしいと言って拒否するようなおませな子どもだった。浜名小学校入学式で講堂に入場する時に観念して野末祐子ちゃんと手をつないだ。今でもその時のことを思い出すほど、鮮明に恥ずかしさの記憶が残る。

1年の担任はベテランの村松するゑ先生で、いつも特別にかわいがっていただいた。級長をやらせてもらい、クラスのリーダーシップもとっていた。いつも先生の言うことを真剣に聞いていた「いい子」だった。一方、ガキ大将でもあったが、「幼稚園の卒業組」と「行かなかった組」で子どもの主導権を騎馬戦で争ったが、私の馬は芯が木村君、左右に小栗、竹内君といずれも体格のいい頑強な馬だったので、幼稚園組の松本君に勝って手に入れた。

その年の暮れにするゑ先生から校内弁論大会があるので作文を書くよう依頼された。両親に相談すると、応援するのでガンバレと励まされて「房ちゃんのケガ」という題で作文を書いた。私の家は二俣街道沿いにあり、家の前は「オーカン（往還）」と呼ばれ、いまだ舗装さ

れていない砂利道であったが、人の往来はにぎやかであった。家の玄関の中に大人用の自転車が置かれていて、私は「早く自転車に乗れるようになりたい」とよくサドルに跨《また》がりペダルを回して遊んでいた。ある日、４歳年下の妹・房子がこともあろうに勢いよく回っている自転車の車輪に手を入れてしまった。３歳の妹の右手の薬指はひどく損傷していた。「房ちゃんのケガ」はこうして起きた。近くの横田外科では指の切断処置をすると言われたが、幸い母・チヨノの機転で「指が腐ってもよいから切らないでくれ」と母親の必死の願いが通じ、無事快癒《かいゆ》したが、私の責任でとんでもない事態を引き起こしてしまった。この事故の一部始終と反省を作文にしたのだ。

するゑ先生の勧めもあったと思うが、１年生の代表として「房ちゃんのケガ」で全校大会に出場することになった。家で早速発表の練習が始まり、姉３人の強力な指導で文章の暗記ができ、両親に聞かせた。すると父・弘は北浜小学校の名校長池谷千松先生のお宅に私を連れて行き、発声や人前での心構えについて指導を受けさせることとなり、親バカも相当なものであった。この甲斐があって大会当日は舞台で臆せず発表ができた。するゑ先生、千松先生にも褒められ、家族からも祝福を受けたことは、私の大切な思い出となっただけでなく、その後の人生にも大きな影響を与えた。

浜名小学校では、森田先生（２年）、戸田英治先生（３年）、鈴木ふさ子先生（４年）、小栗公義先生（5・6年）に教わり、成績表は全てオール5をもらった。1年生と6年生でメダル（浜名郡内の優秀な生徒を表彰する制度）を受賞した。卒業時の校長は足立利兵衛先生であった。私の小学校での恩師村松するゑ先生はずっと私のことを気に掛けてくれて、94歳の長命であった。

三、珠算塾「浜名速算学校」で初段

私は両親の勧めで小学3年から珠算塾に通い始め、「そろばん」を習った。毎日休まず練習に励んだおかげで、順調に昇級していって、当時中学生が挑戦する全国珠算教育連盟（全珠連）の試験1級に5年で合格した。「浜名速算学校」の阿知波邦保校長先生は熱心な指導で知られ、近隣の塾の中でも生徒数・レベルはトップクラスで大勢の生徒がいた。第1部は初心者クラスで、第2部、第3部と昇級するほど上位のクラスに編入されていく。授業のスタートは読み上げ算で先生の読み上げるスピードと口数《くちすう》（何口、何桁か）で実力が変わっていく。最後は10万、100万の位が入り混じる。指ならしが終わると読み上げ暗算になる。そろばんを脇に置いて頭の中で珠《たま》を弾いて答えを出す。私はこの読み上げ算と読み上げ暗算が得意で、いつも上級生を負かしていた。生意気だったのか、塾の帰りに上級生の待ち伏せを受けたこともあったが、すぐに仲良しになっていった。

私は塾の代表選手となって、浜松大会、静岡県大会（興津）、東海大会（岐阜）等に遠征し、表彰状とトロフィーを取って帰った。

私は中学1年で初段を取ったのを最後に塾をやめたが、阿知波先生、奥様の指導のおかげで今でも数字を見るだけで、掛け算、足し算ができる。本当にありがたい能力を付けさせてもらったことに感謝している。小学校5年から、そろばんの腕を生かして、父・弘の客先へ提供する見積もり作成の手伝いを続けたが、そのおかげで原価見積計算書の仕組みを習得することができた。電卓が発明されて、この手伝いから放免された。

さて、ここで「そろばん」の効用について述べておきたい。第一に「そろばん」は指先で珠を弾く。確実に珠を弾かないと誤算となるが、制限時間の中で問題を解かねばならない。従って「素早く確実に」が求められる。これは、一に訓練、二に訓練で、練習の量が成績を左右するので、毎日最低1時間以上の訓練が必要となる。慣れれば、この訓練も苦にならない。上達すれば楽しくなってくる。第二に「そろばん」は頭の中に珠を記憶させ、その珠を弾いて計算するので、そろばんの答えと頭の中の答えがいつも一致している。いつも脳をしっかり働かせ、発達させる効果が期待できる。そろばんのスピードは「頭の回転」の速さに通じる。第三に制限時間内にどれだけ多く計算するか競う競技なので、計算で出た数字を速く、きれいに記録することが求められる。数字を速く書く訓練もよくしたが、休み時間を利用して1

分間に数字をいくつまで書けるか、みんなで競った。正確だけど「のろま」ではダメ。素早くても「不正確」、「読みとれない」でもダメ。「そろばん」には何と人生に通じるものがある。

四、中学校では小杉三羽がらす

私は地元の浜名中学校に進んだ。浜名中学は自宅から歩いて5分ほどと近くで、八幡神社の境内の一部を47年に開墾して作られた。私は小学生の頃、グラウンドを囲むように八幡の森の松の木がいまだ残されていて、これらの大木の木の「こずえ」まで登って征服感を味わっていた。今は思い出すだけでも足がすくむが、子どもの時にはこんな無茶もしていた。浜名学区は昔から教育熱心な土地柄で、校長も教員も、この中学に赴任するのが楽しみであったと聞く。1年次で太田春男先生（太田舜治県議の甥で、「チャボ」の愛称で慕われていた）。先生をあだ名で呼んでいいと初めて知って驚いた。進学を迎える2・3年次は村木継一先生が担任となり、多感で反抗期を迎えていた私を温かく指導してくれた。私は小学校から運動が好きで、ソフトボールも上手《うま》かったので、中学では野球部に入部したいと思っていたが、父・弘からきっぱり「ダメだ」と断られて断念したが、同級生がグラウンドで顧問の村木先生から指導を受けている姿を見て、うらやましい思いをした。

学業は順調で、ライバルは小杉三羽がらす（昌弘、邦雄、純子）がいつも上位を競った。

担任の村木先生は新卒3年目の理科の先生で私たちを熱く、厳しく鍛えてくださった。よい指導者にここでも巡り会ったと思う。おかげで1番が取れた。先生は退職後も浜松科学館などで子どもたちに実験や理論を教えて、理系の面白さを伝えている。最近も会社を訪ねてくれて、弊社が得意とする発光ダイオード（LED）を使った子ども向けの教材開発に腐心されている。小杉邦雄君（静岡大学工学部勤務）が幹事となり、4年毎にオリンピックの年にクラス会がずっと開かれている。村木先生を慕うクラスメートが集まりいつも盛会だ。

高校進学は私が県立浜松北高校（一中）へ、邦夫君が県立浜松工業高校、純子さんが浜松市立高校に進み、小杉三羽がらすは、それぞれ別の道を選択した。この年、浜名中から北高へは私一人が進学した。

父・弘は私に対して、水泳も禁止したほど子どもに対して人一倍愛情の厚い人だったと思うが、中学2年の焼津市での林間学校で初めて水泳を体験した。やっと平泳ぎができるだけでクロールは息つぎがうまくできない。今でも水泳は苦手である。いまだプールのない時代であったが、親の過保護を素直に受け入れた結果でもあった。その他のスポーツは何でも好きで、いろいろ挑戦。ボール投げ、走り幅跳び、三段跳び、走り高跳びも上位の成績であった。短距離は優、長距離は並。マラソン優勝の桑原君が超人だと思った。

五、浜松北高校（一中）で理系を選択

浜松北高は、近隣から強者が集まる進学校。田舎の中学で一番を取った位では目立たない並の生徒となった。「凄い奴がいるなあ」と圧倒されながらも、部活は生物クラブに入った。「ゲジゲジ」というあだ名の小川先生は博士号をおもちで、浜松八幡神社の深い森に生息する百足《むかで》の研究で有名な先生で、各部位の染色をして、進化の過程を顕微鏡を使って調査されていた。生物クラブの特別室で顕微鏡を私も借用して、植物の栄養分を運ぶ導管を染色して、誰にでも分かり易い標本作りに励んだ。先生の勧める「ゲンチャナバイオレット」という試薬を使ってイタドリの成長過程を調査した。高２の春に横浜の港を姉・美佐子と見学に行った折、同じ観光に来ていた福島の中村初雄ご夫妻と懇意となり、高校で生物を勉強していると伝えると、自社で製造している商標「ＰＩＫＡ」の顕微鏡を一台贈ってくれた。私はこの顕微鏡を永く大切に使わせていただき、注意深く詳細に物事を観察することを身に付けた。このご縁は私の大学在学中、目黒のご自宅への栄養補給という名の招待や、姉の結婚相手となる地元春野町出身の入手忠夫氏を紹介してくださり、親族付き合いへと発展した。

さて、高１の担任は富田良平先生、高２は大石卓先生、高３は水野新平先生だった。高１の初夏、恥ずかしい事件を起こした。４月で16歳になった私は、父の勧めで自動車の免許を取ることになり（当時は16歳で小型４輪自動車の免許が取れた）、国語の三浦先生の授業を

欠席して受験したが、欠席届に「自動者免許取得の為」と書いたらしい。このことを授業でみんなの前で「北高生たる者これは何事ぞ」とバラされてしまった。三浦先生のご子息とは知り合いで、長兄は北高3年生、次兄は1年生の同級で、この件は瞬《またた》く間に有名になった。しかしこの免許証のおかげでオートバイ通学や父の仕事の手伝いには大いに役立った。得意先の日本楽器にオート三輪で納品を済ませて、北高の校門際《ぎわ》に駐車して呼び出され、叱られるかと思ったら、やさしく駐車場の提供を受けたのも思い出だ。服部浩、高橋紀雄、鈴木浩幸君と仲良くなり、車で海水浴にも出かけた。いまだ車社会が到来する前のことで大いに愉快であった。一方、夏休みのアルバイトで得意先のヤマハ工場裏にある研磨カス捨て場で回収処分をしているのを中学の同級生、生熊君に見つかり、火の出るような恥ずかしさを味わったりもした。

浜松北高１年当時

2年生の時、担任だった大石卓先生がハイキングを計画されて参加した。佐久間から山住神社に登り、尾根を歩いて気田川に下り、気田小学校で宿泊するコースで、首にとっついたヤマビルに悩まされ、足のマメにも苦労したがタフな大石先生に励まされたおかげで完走した。３年は受験の年だが、今思えばのんびりしたものだった。進路決定では父親に、世界を夢見ていたこともあり、商船大学へ行きたいと言ったら「医者にでもなれ」と言われたので担任の水野先生に相談した。しかし「おまえの成績では一浪覚悟だな」と。いまだ父・弘は私に家業を継がせるという気持ちは全く持っていなかったようで、私の将来に大きな夢をふくらませていた。浪人しないで進学することが条件だったので医者はあきらめた。

私は後年、2010年７月、浜松北高等学校の同窓会の副会長の指名を一年先輩の初澤明博氏（新14回生）から受け、14年までの４年間務めることができた。地元浜松だけでなく、全国、全世界で活躍する同窓生の思いを受け止め、鳥居校長と共に唄った校歌を紹介させていただく。

浜松北高等学校校歌

作詞　児玉敬一
作曲　諸井三郎

一、春は三月　野末のはての
草のあいだに　花が咲く
花はこの世の
清らかな　われらの年を
学問のための
野にありと一輪

二、夏日きらめく遠州灘と
波の波まに　舟をやる
舟はこの世に
あざやかな　われらのものぞ
青春のおもい
果てなしとひたすら

三、秋は引佐の　細江の月が
そらのはたてに　雲もある
雲のこわれる
こともあり　光にあゆめ
世界のなかの
わがありと　信じる

四、冬も浜松　みどりに燃えろ
松の木の間が　朝になる
朝はこの日ぞ
眼をひらけ　あらたまりゆく
日本の国を
もろともに　道ゆく

六、日本大学理工学部経営工学科へ入学

私は千葉大学工学部を受験するも失敗したが、とにかく東京で暮らしたい一心で、選択した私学の明治、中央、日本大学に合格した。父に相談したら「学生数の一番多い日大へ」ということになり、入学手続きを完了し、東京で暮らせる喜びに浸った。しかし、その後送られてきた入学案内書をよ〜く読むと理工学部でも経営工学科だけ千葉県津田沼の校舎で授業が行われることがわかった。ガックリー。夢見ていた東京での生活がこの時点で夢と消えた。

蔵前の日本大学講堂での合同入学式には、父・弘も参列し、気持ちの整理がついた。「もう仕方がない。津田沼で暮らす。」と割り切った。大学での経営工学科機械専攻クラスは100人を超す大人数だった。合格発表者は50人だったのに驚いた。静岡の永田政之、足柄の湯川静策と仲良くなったが、テニス部同期の広島の岡田憲之、長野の山崎博久、茅ヶ崎の清水勲とは、いつも行動を共にした友人となった。当然毎日学校に通い、真面目に授業を受けた。友人の代返を受けたりもした。

大学入学当時

下宿は京成津田沼駅から歩いて5分、学校まで10分という堀切武・ふさ夫妻のご自宅の2階の6畳間に落ち着いた。同宿人は三上（大森）、西畑（福井）、桜本（金沢）。全員が1年生だった。堀切夫妻には子どもがなく、満州で騎馬軍人として終戦を迎え、東京の印刷会社に勤めていた。自宅で日大生の面倒を見ていた親切なご夫婦だった。ふさ母さんは朝・晩の食事を作ってくれて、中国仕込みの水餃子は絶品でおいしかった。武父さんとはたまに夕食でいっしょになり「昌弘くん、一杯どうだ。」とお酒を振る舞ってくれたりした。いい人柄の家庭で安定した気持ちで生活できた。

津田沼の下宿先で（後列）

七、小唄のお師匠さん

私が東京で暮らせなくてガッカリしていたのを見た父・弘は「小唄のお師匠さん」を下宿に派遣してよこした。「お父様から依頼されましたヨ。」七十歳を過ぎた女性が三味線を手に下宿までやってきたのだ。慌てて私の6畳間で準備を始めたら、下宿のふさ母さんが「私の部屋をお稽古に使いなさい。」と広い居間を提供してくださった。有り難かったが、ふさ母さんも三味線を持っていて、私の小唄の稽古にいつも同席していた。

私はこのチャンスを生かすべく、秋葉原に行ってソニーの最新式のポータブルテープレコーダーを購入した。お師匠さんの許しを得て、全て録音することにした。ポータブルと言っても、重量は5kgほどもある重たい箱である。これが当時の最も小型の最新式だった。バチッとスイッチを回すとテープデッキが2つゆっくり回り出す。静寂の中、三味線をつま弾く音とお師匠さんの声が見事に録音された。お稽古は週1回だったが、このテープレコーダーのおかげで部屋で繰り返し練習できた。一カ月に1題づつ仕上げることができたので、年末までに10題の小唄を覚えた。お師匠さんによると、これは今までの3倍を超すスピード仕上げと驚かれた。まさに文明の利器であった。お師匠さんは、私に小唄の名曲ばかりを教えてくれたが、舌ガンを患い、声が出せなくなって指導は終了した。私はこの10題を編集して見舞いに届けると涙を流して喜んでくれた。

実は、父・弘には私に小唄を習わせたのには深謀遠慮、巧妙な仕掛けがあったことが後で分かった。「社会に出てから小唄を習うとお金も時間もかかる。若い学生のうちにやっておけ。」これが表向きであったが、大学4年の春、大阪で開催された国際工作見本市に参加するよう言われ、開通したばかりの新幹線で駆け付けた。その夜、料亭で宴会が開かれた。その席には浜松の有力な会社の社長が居並んでいて、芸妓のお座付が終わると「お客様、いかがですか。」と三味線のお姐さんから声が掛かったその時、隣りにいる私を父は促し「おまえ、行け」と背中を押した。私は訳の分からないまま用意された座ぶとんに座り、稽古していた小唄「たつみ」を三味線に合わせて唄った。落ち着いてうまくできたが、終わると同時に万来の拍手が聞こえた。「あの若造は誰だ。」「誰だ。」みんな私の顔を見て評定した。「小杉弘さんの息子だ。」と知られ、父は大満足であった。息子を有力者に紹介する場として、小唄を利用したのだ。小唄2題を無事こなして一躍有名人（?）となり、参加者みんなに顔を覚えてもらうことができた。父と私は幸せな余韻をかみしめていた。

八、軟式庭球部と東京での生活

私は大学の部活は、軟式庭球部に決めたが、高校まで存分にスポーツができなかったその気持ちをテニスに明け暮れることで果たそうと思った。この時代はいまだ硬式テニスは一般的ではなく、テニスと言えば軟式が主流であった。初心者の私はボール拾い、素振りからスタートしたが、同年でもインターハイに出場した伊藤（現松本）彦造君は先輩と見事なラリーを続ける同級生の花形であった。機械専攻コースの1年次の授業で受講した全てで単位を取得できたので、2年次はテニス優先、テニスに没頭した。暇があればテニスコートにいた。

合宿には1年から参加し、夏は下諏訪の町営コート、春は郡山、呉の自衛隊に寄宿し、怖い先輩、前田、藤田、野本、佐藤、加藤和雄、加藤崇史氏から徹底的にしごかれた。その成果が表われて、3年の春の呉の合宿では6番手くらいになった。そして主将に指名され、責任を任されることとなり、何とか団体戦のチームに入る5本を目指してさらに練習に励んだ。

下諏訪合宿

軟式テニスは全てダブルス戦で、私は後衛、長身の蒴英雄君を前衛にペアを組んで試合に勝てるようになった。小杉・蒴組はチームでなくてはならないペアとなった。このペアで4年次には関東理工系軟式大会（日比谷公園コート）で3位に入賞することができた。「努力すれば報われる」ことが証明できて、このことは私にとって快挙といってよい出来事となった。

　日大津田沼軟式庭球部の同期は、伊藤彦造、岡田憲之、山崎博久（故人）、清水勲、軽部孝夫、青木博雄、山本昌弘、本間龍夫、楠根（故人）、そして蒴英雄君と多士済々で各界で活躍した。OB会を守ってくれている1年後輩の山口厚君、深谷俊恒君のおかげで今でも年1回東京で再会できる。いつも盛会だ。

さて、大学1年在学中、60年に世紀の東京オリンピックが開催された。開会式は日本中が興奮に包まれ、私は下宿の堀切の居間でテレビを夢中になって見た。両親に国立競技場のチケットを取るため、同級生の鈴木啓之君の家に前泊して、翌早朝並んで取ったが、1人2枚で販売終了となった。貴重なチケットだった。女子110m障害レースの依田選手が出場した日、両親が上京して観戦したが、母・チヨノは会場の外で待つ私を入場させようと途中で交代してくれた。日本が世界で活躍するきっかけとなった東京オリンピックは日本中を元気にした。

そして、いよいよ東京暮らしの話をしよう。

東京オリンピックの
国立競技場の父　弘

私は卒業に必要な単位は3年次で取得できたので4年次はあのあこがれの東京での暮らしを始めた。新宿旺文社の近くの3畳間と押し入れが付いいただけの狭い部屋は、加藤崇史先輩から引き継いだが、納得して入った。市来研でいっしょになった藤井先輩（伊豆の造船会社の御曹司）が1年足踏みしていて、随分武勇伝を聞かされたが、東京には詳しかった。早速指南を申し出て、銀座や新宿での飲み屋（バー）でのお金の使い方の直接指導を受けることとなった。

お金のない貧乏学生がどうやって大人の世界に入っていくのか非常に興味があった。目当てのお店に入り、危ない気配（ボラれる気配）がしたらお金を払わず逃げ出す方法や入口のドアを開けて中をのぞいただけで、ヤバい店を見分ける方法などを教わった。失敗もあったので、お金は「お足」がついて無くなった。親からの仕送りは1週間で枯渇するようになった。当座の不足金は先輩の世話になったが、実家の両親にはニセの書籍購入費用の請求書や市来先生には申し訳なかったが、研究室での研究費用と称して市来先生の名前を借用したりした。いよいよ万策尽きると長文の巻物を筆でしたためて、最後に「打てば鳴る鐘の響きの有り難さ」と遠回しに金の無心をした。親は私の稚拙な手段を全て見通していたと思うが全部応えてくれた。一度だけ、父・弘が心配して突然下宿を訪ねてきたが、その時は幸いにも起きていて、半紙に墨で「愛」という字を書いていたので心配掛けずに済んだ。下宿では優等生だった。

九、市来研で牧野フライスへ研修体験

私は大学選定に当たって、当時新しい学問といわれていた「経営工学」を学べる学校を選

んだ。明治大、中央大、日本大にあり、最終的に日本大学理工学部経営工学科に入学したのは先に述べた通りだが、授業で使われた教科書はいまだガリ版刷りであった。海外の翻訳文と思われるものもあり、本当に学問の黎明期であったと思う。市来先生の「生産管理」の講義は非常に面白く、熱中して勉強できた。そのご縁で市来研に入ることになった。先生は東大卒業後、海軍の将校だったという経歴は本物の古武士然としていて魅力的だった。駒沢の先生のご自宅を訪問して食事をごちそうになったりした。先生にはお嬢さんがいて、週刊「朝日」の表紙を飾るような才女であった。卒業後、先生から「君に娘はどうか」と写真が送られてきたが、恐れ多くいまだ結婚を考えていないと言ってお断りした。

その市来研の卒業研究は、私と大月の志村淳君の2人で牧野フライス製作所（目黒）に行くこととなり、大型工作機械（GIDDINGS）の稼働率向上の調査をするよう命ぜられた。高額な機械の操作、段取り、刃物交換、調整などの全ての時間を記録し、人と機械の動きを調査する。そしてムダな時間をみつけて稼働率を上げる

卒業論文研修

方策を提案することとなった。調査は2カ月、工場長や工作機械の担当者には大変お世話になった。工場長からは私の実家が中古の牧野フライス製の治具フライス盤を使っていることを知ると、新しいフライス盤をぜひ買うように勧められ、卒業後実現できた。マキノのフライス盤は治具ボーラーの代用になる精度が出せたので、今も活躍している機械だ。

その後、研究室での分析、先生の指導を経て卒業論文は完成した。牧野フライス製作所でも評価をいただき満足できる結果となったが、報酬は貰えなかった。

社会人の第一歩から家業を継ぐ

一、やまと興業入社

入社当時の小杉昌弘

私の父・小杉弘は、私が大学在学中から「世間のメシを食わないといけない」と私の進路について心配していた。家業を継がせることが息子の将来にとってベストな選択か迷っていたフシもある。しかし、「卒業したら家業を継ぐように帰って来なさい。」と大学4年の夏に突然言われ、市来先生には大変迷惑をかけた。有力な上場会社への推薦を考えていた先生に断りを入れて、父の方針転換を「家業を発展させる決心」と受け止め、1967年3月10日に入社した。父の方針の一つ、「卒業したら直ちに働く方が良い」ということで高校卒業の新卒者も同時入社した。私は大学新卒の第一号であった。

私は小学5年生から父の見積もり計算業務を手伝い始め、中学、高校、大学の長期休暇には現場で作業員として働いていたが、主にコントロールケーブルの加工、組み立て職場を経験していた。入社時はパイプ加工職場でベンダーで曲げ加工、ボール盤で穴空け、バリ取り作業に明け暮れた。夏になって父から社訓を制定するよう指示があり、日頃、父の口から言われていたことをまとめることとし、次の社訓が出来上がった。

社訓

まず何よりも良い製品を造り
それを計画通りに納め
しかもより安く造る努力をする
また相互信頼と和・利益と
微笑《ほほえ》みを忘れてはなりません

「優品生産」、「納期必達」、「廉価製造」、「相互信頼と微笑み」を語りかけるようなやさしい言葉でまとめることができた。

やまと興業はこの当時、ほぼ100％がヤマハからの仕事。特に二輪車の生産は内需と北米輸出の好調に支えられて、私が入社した67年の生産数は41万台、68年42万台、69年にはついに

52万台と急成長を続けた。64年に開設した女性だけの天竜工場をはじめ、小松の本社工場の新築が増産の受け皿となって入社直後から多忙を極めた。

客先の要望に応えて生産量の確保を進める一方で、コントロールケーブルメーカーとして、ケーブルの構成部材を全て内製していく一貫製造に向かって挑戦を続けていた。

私は姉・美佐子が取り仕切っていたケーブル事業の責任を引き継ぐとともに、この仕事をしっかりした事業に成長させるよう父・弘から指示を受けた。

コントロールケーブルはさまざまな機械要素や、設備・機械が特殊で専門的な知識も広い範囲で求められ、全ての分野においてメーカーとしての技術力を高めていくことが求められていた。先輩企業、専門企業の数多くの人たちに支えられて技術を習得することができた。本当にありがたく思う。

二、コントロールケーブル事業――一貫製造メーカーを目指す

1．ワイヤーロープ（インナーケーブル）の内製

コントロールケーブルに使われるインナーケーブルは極細径（0.1〜0.5㎜）の硬鋼線材を撚《よ》り合わせて作られる。ヨリ線は切断荷重が優れる単ヨリがあり、素線12本か19本で構成される。屈曲性が優れる複ヨリは49本か133本で構成されるが、いずれもミニチュアロープに分類

されている。日本では大手の東京製鋼、鈴木金属工業がメーカーとして知られており、やまと興業は両社から購入をしていた。ＪＡＳＯ規格制定で尽力をいただいた鈴木金属工業の村山社長から、70年自社保有設備の譲渡のお話があり、インナーケーブルの内製をすることになった。

原料は亜鉛メッキ付硬鋼線、ステンレス線が主に使用され、鈴木金属から供給された。生産工程は輪取りで購入した線材をまずボビン取り（ワインダー）する。このボビンをヨリ線機にセットして第一工程（子縄ヨリ）を行い、この子縄を再びボビン取りをして第二工程のヨリ線機で仕上げて完成となる。このボビンに巻き付けられた線の長さが製品の長さとなるので長尺を作るためには大型の機械が必要となる。さらに能率を上げようと高速回転にすると大きな音（騒音）になるので、工場はその対策が講じられた。立ち上げ一年間、鈴木金属工業より技術者の伏田秋夫氏が出向され、技術の伝承をしてくれたおかげで無事稼働できた。やまと興業の責任者は足立一好氏であった。

鈴木金属から譲渡されたインナー撚り線機

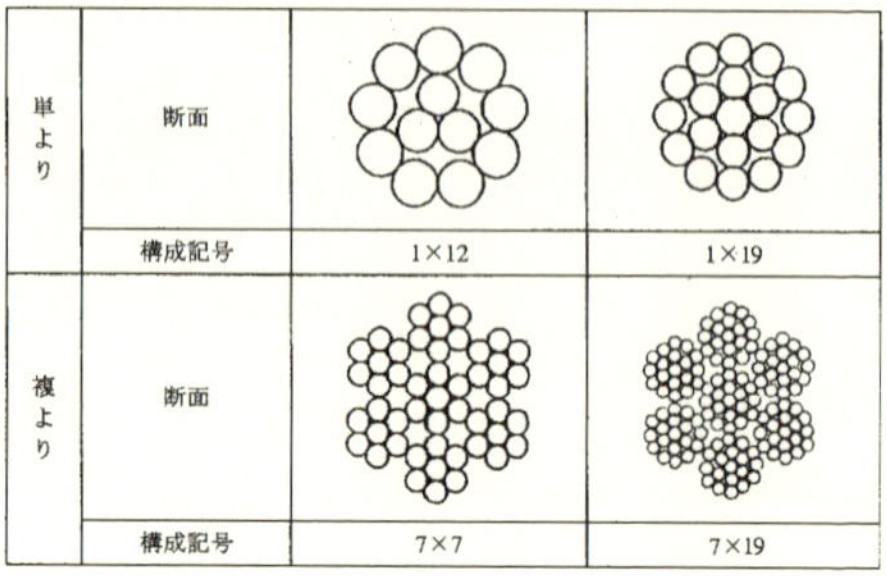

インナーケーブルの撚り構成図

この専用工場の開所式には、村山社長も参加してくれ、浜松市の私立葵幼稚園の園児の太鼓隊が工場内を元気よく巡回して華々しく執り行われた。社員たちも手作りの焼き鳥などで祝いの席を盛り上げた。この演出は父・弘の発案であったが、一致団結した楽しい催しとなった。

しかし、82年オイルショックによる原材料の高騰で不採算事業となり、伸線からヨリ線まで一貫して製造する専門メーカー（クリサンセマム）から購入することとなり、83年惜しまれて終了した。その後この工場は改装され、細物パイプの工場に転用された。

2. インナーケーブルエンドの離脱強度向上の進化

コントロールケーブルは「走る」、「止まる」を確実に保証する重要な部品であるが、特にインナーケーブルとケーブルエンドの離脱荷重は最も重要な要素の一つである。カーメーカーからの要求は二輪車の性能が上がれば上がるほど高度になり、インナーケーブルの破断荷重まで耐えられるよう求められた。この要求に応えるための技術開発が進められた。

(1)　ハンダ付け

伝統的な接合手法で、ケーブルエンドの材質は黄銅材が主流。ハンダ製造メーカーと共同で高強度ハンダの開発に励んだ。鉛と錫の共晶ハンダから始まり、ハンダの組成（種々の金属の配合）やエンド形状、インナーケーブル端末形状の研究やフラックスの研究で飛躍的に強度は向上した。鉛フリーの規制のため、現在はスロットケーブルなど一部の製品で使用されるだけとなった。

(2)　亜鉛ダイカスト鋳込み

鋳込み用ZDC材の組成もメーカーの研究で強い材料が作られるようになったが、鋳込む前のインナーケーブルの端末形状により強度差がでる。より小さなケーブルエンドでは挿入シロが保証される加工方法の確立などいまだ不安定要素もあるがほとんどの問題は解決されて、インナーケーブルが破断するまでの強度が保証されている。この技術開発にも心血を注いだ。

最も重要なダイカストマシンはホットチャンバー方式で、溶けた金属（湯）がプランジャーで押し出され、その量は10cc程度と小さい。大型の機械を小型化して使われてきたがマーケットが小さいので機械メーカーも限られていた。

①篠塚製作所製　小型の機械を提供してくれたメーカーで初期には競って導入された。や

まと興業では10本打ち、２人作業で大量生産用として活用した。

②ＦＩＳＨＡR社（カナダ）製　完成品を作る最終工程で1本づつ成形するために使用した。鋳込みの仕上がりもきれいでバリ取り不要の優れものであったが、機械、金型が高価で、鋳造ポットが腐食でよく破損した。メンテナンスにもお金がかかり、後に開発した内製機の誕生で使命を終えた。

③東洋機械製作所製　国産1本打ち機械として開発され導入した。小型化されたといっても現場の組み立てラインに入るにはいまだ大きすぎたので、鋳込み作業はバッチ生産から脱却できなかった。大増産で能力不足に陥った時、金型の工夫をして２本打ちに成功しピンチを乗り切った。女性でも作業できるようになった。

④やまと興業製　限られたメーカーで機械の開発が遅々として進まないので、社内で内製することとし、コンセプトは「小型でケーブル組み立てラインに入り、しかも湯飛びの起きない安全なダイカストマシン」とした。２本打ちができて、サイクルタイムも速く、求めていたマシンを開発することができた。現在はほぼ100％この内製マシンが導入されている。女性でも安心して作業ができる。

(3)　金属製ケーブルエンドのプレス加工

インナーケーブルを金具エンドでかしめる設計もしばしば行われる。長さを調節する金具が多用されるが、一発のプレス加圧でインナー破断までの強度を確保するため、金型の形状と材質にこだわって開発が進められた。セイコー電子工業からスカウトした軽部和男氏は精密金型製作のエキスパートで超硬金属のはめ込みという新しい発想で新構造の金型を開発した。強度の確保だけでなく、飛躍的に金型の寿命が向上し品質の安定、生産性の向上に貢献した。現在使用されている金型は全てこの考え方で製作されたものである。

確実にかしめを行う機械本体も組み立て用ラインに導入するために進化を続けた。

①フリクションプレス30トン　初期、この機械でないと強度が出なかった。

②スウェージングマシン　第二吉田記念製マシンが活躍した。

③パワープレス30トン　金具の工夫で汎用のプレスが使えるようになったが、大型機械のため組み立てラインでは不便で作業者も男性に限られた。

④両頭式油圧プレス　一ケ流しラインで複合工程の作業が可能。よりコンパクトな機械になり内製化も進めて、現在の主力となっている。

このように内製機械の開発が進んだのは、軽部和男氏の入社により、若手技術者の育成、新鋭加工機の導入などが相乗効果となって実現できた。現場のたゆまない要求にも次々応えてくれた。当社の宝であり、財産だと思う。

3．アウターケーシング巻線機

コントロールケーブルの最も重要な構成部材であるアウターケーシングは全て内製してきた。求められる性能はケーブルの本体として防水、防塵《ぼうじん》、圧縮荷重、非座屈性、柔軟性（フレキシブリティー）、耐摩耗性、フィーリング性、軽量、細径化など。相反する機能が同時に求められる極めて重要な部材である。この開発は弊社の技術の根幹を成すものとなっている。製造には素線圧延機、アウター巻線機が必要となる。

(1) 素線圧延機

① 創業時は鈴木金属工業より圧延済み線材（平角線）を購入していた。輪取りのため段取り替えが大変で巻線機の能率が上がらないので、増産対応で圧延工程を内製し、ボビン取りに変更した。圧延機は大阪のメーカー（安岡ロール製）。

② 超硬ロールの採用で高速圧延機が開発され導入した。長寿命で品質も向上した。メーカー（モリマシナリー製）。

③ メーカーが廃業したため、やまと興業社内で内製化し、現在はほとんどの機械が内製機。

(2) アウター巻線機

①ヤザキ製巻線機（58年に事業を引き継いだ時の機械）芯金巻付式で1.5ｍずつ巻き線が

できると、チャックが開いてチェーン駆動でガイドパイプに巻き線を送り込む。これを繰り返して50ｍの巻き線を作る(50ｍの長さのスプリング)。巻き線は50ｍ先でも回転されているので、長くなると性能が保証できないので、ここでカットして引っ張り出す。ガイドパイプは2本用意されているので、連続して機械は運転できる。一人で6台を稼働させることができる。増産対応のため内製をした。

②米田式巻線機　大阪の米田氏が開発した巻線機で油圧と空気圧を組み合わせた機械で高能率にはなったが依然として芯金式であった。パワーがあり、太物（∅7、∅8、∅9）が得意。内製化した圧延工程で平角線をボビン取りしたので効率が一挙に倍増した。

③帝人精機式巻線機　芯金を使わない画期的な構造の機械が開発された。競合メーカーで採用されたと売り込みにきたので高価であったが、ファミリーバイクの大増産対応として5台の購入を決定した。しかし契約した納期の直前になって一方的に契約解消を言われ、緊急に代替機を手配した（芯金式）。この帝人機は大型で重量も重く、いまだ改良の余地のある機械だったが、新方式は魅力的だった。

④池田式巻線機　農機具用ケーブルメーカー共成の安田社長の紹介で、堺の高校の先生が新方式の巻線機の開発をしていることが分かった。池田さんは先祖が刀鍛冶でメカに強く、独力で新しい機械を開発中で帝人式を超える巻線機をやまと用に開発するよう依頼

した。彼はついにコンパクトで扱いやすい機械を作り上げた。今までにない構造、型式で100 kgボビンを内蔵し無人で稼働する。巻き線と同時に樹脂製チューブを内包し、しっかり固着させることができる優れものであった。この巻線機の開発のおかげで24時間無人稼働ができるようになり、職場の風景が一変した。現在も弊社の主力機械として活躍している。

4．押し出し機（エクストルーダ）

巻き線された長尺アウターの表面に防水、防塵の目的でＰＶＣ（塩化ビニール）の被覆をする。ペレット状の原料が熱で軟化され、長いスクリューで押し出される時に成形ダイスで外径が仕上げられる。偏肉のない、丈夫でなめらかな外観が求められる。

①大宮精機製　ヤザキから引き継いだ機械で電線のＰＶＣ被覆をする機械をそのまま使用した。偏肉させない技術が求められ、ダイスの調整、温度管理、押し出し量など経験と勘が求められる。耐久性のある機械で50年前の機械が今でも現役で稼働中。

②高安鉄工所製　細径、薄肉の樹脂製チューブの内製化に当たって新規開拓したメーカーで高い技術力を持っていたが、高密度ポリエチレンの材質で製品を作ることができなかった。導入した機械で半年挑戦しても完成しなかったが代金は支払って自社で開発することとした。その結果、担当した氏原史郎（現常務）氏は苦難の末に成功し、やまと

興業の固有技術となった。現在もこの技術は健在で大宮精機の押し出し機でもこの難しい製品を作ることができるので増設は大宮製となっている。

アウターケーシングの補強材としてプロテクタと呼ばれるＰＶＣのチューブが使われる。長材を押し出し成形し、後工程でカットしていたものを押し出し成形と同時に任意の寸法に切断する装置を開発した。押し出し機にフライングカット装置を付けて生産性が大幅に向上した。プロテクタ付けは手作業で工数がかかるので二層コーティングという技術で全体を薄肉の耐摩耗性の良い樹脂を被覆する技術も確立している。

5．性能評価試験

コントロールケーブルは業界トップを目指すメーカーとして、カーメーカー様からの求められる性能機能を満足させるだけでなく、常に新しい発想で技術開発を進めていかなければならない。そのため性能を評価する機器、試験装置の開発も求められる。やまと興業では試験機メーカーの開発した試験装置の導入だけでなく、社内で内製する装置で個別の案件に対応し、創意工夫、客先の満足するデータをタイムリーに提供している。

①インナーケーブルの切断荷重試験・伸び試験
②アウターケーシングの圧潰荷重試験・耐摩耗試験
③ケーブルエンド・ケーシングキャップおよびラウンドジョイント離脱荷重試験

④組立品性能評価試験（荷重効率とストロークロスを評価する）
⑤作動耐久試験（耐久回数、いじわる—給水、粉塵、赤土、塩等—試験を含む）
⑥耐候・ヒートショック試験（マイナス40℃～プラス80℃）
⑦クリープ試験（分銅をつるして耐える時間を測定）
⑧フィーリング試験（感触による五感テスト）
⑨潤滑剤が及ぼす諸性能試験

我々が最も大切にしているお客様への対応として「ピンポン対応」がある。この言葉はやまと興業の造語であるが、意味は「いかに早くお客様が満足するスピードで仕事を進めるか」を表すものである。実験中の観察記録や中間データの推移など共有できるうれしい結果や思わぬ悪いデータが出た時には夜間でも報告をするようにしている。報告を評価されるお客様の顔を思い、任された者として至福の時となる。翌朝一番でその評価と次の指示をいただけると技術者としての信頼を勝ち取ることができる。

三、パイプ加工事業—貪欲に何にでも挑戦する

1．オートバイハンドル・エキゾーストパイプ・水パイプの生産

父・弘は63年第二工場を建設し、ヤマハからオートバイハンドルの受注に成功した。この

受注は調達していた知立市の家具メーカーが大量発注で生産能力をオーバーし、仕事を返上したことが発端でパイプ曲げは全くの素人の父に仕事を任せることになった。コントロールケーブルの立ち上げを軌道に乗せたことが評価されたものだが、今回の立ち上げ時は苦労の連続であった。地元の先駆メーカーの協力を得て仕事はスタートした。いまだハンド曲げの時代に最新式の油圧ベンダー（ＩＨＩ社製）を購入して仕事はスタートした。しかし問題は表面処理のクロームメッキ仕上げだった。委託先の三河屋鍍金工業（浜松）では生産能力を超える押し込み発注で大混乱を来たし、ヤマハの生産ラインが止まりかける事態が数カ月も続いた。この混乱を乗り切り生産も安定し、その後、エキゾーストパイプ、水パイプなどの受注が相次ぎ、事業は拡大していった。パイプサイズは∅22.2、∅25.4、∅31.8で日本パイプ製の材料が支給された。クロムメッキ製品は「ピカピカに光る」外観、品質が大切で社内では直管バフ機、ハンドバフ仕上げ職場が整備され、バフ職人が腕を競った。父はメッキ工場の買収を要請されたが、大混乱の事態を見ていた家族の反対もあり

パイプ加工事業スタート

断念。結局ヤマハの関連会社が買収した。

2．4サイクルエンジン用細物パイプの生産

ヤマハが4サイクルエンジンの二輪車「S650」を販売することになり、エンジン周りに細いパイプが使われることになった。オイルを2気筒のシリンダーに送る重要な部品の発注を受けて試作を繰り返した。大出力エンジンのため、想像以上の振動が発生しオイルパイプが破損、曲げ形状や材質、取り付け構造を改良し製品化された。重要保安部品に指定された部品のため、製造品質を保証する体制や曲げ加工、ロウ付け加工の際、素材の性能を劣化させない製造工程を確立していった。

パイプサイズは∅6.35、∅8.0、∅10.0、∅12.7と細い径のパイプが中心でこれを細物パイプと総称した。これらのパイプは自給材で材質も多様（銅、黄銅、二重巻き鋼管、継ぎ目なし鋼管、内外銅メッキ鋼管、内外ニッケルメッキ鋼管など）であった。その後オートバイのエンジンは4サイクルが主流となったので、この分野の事業も順調に成長した。最近では自動車部品の受注も増え、アルミ製のカーエアコンの配索パイプ生産も事業の柱として育ってきた。

ここでやまと興業の固有技術として確立されたロウ付けについて紹介する。

ベースになるトーチロウ付けは、アセチレンガスに酸素を供給して燃焼させた炎の熱を利用する方法で、紀元前からあった技術といわれ、細密で気密性を確保できる。ロウ材として

銀、黄銅、アルミなどが使用される。宝飾品、水差し、美術工芸品や工業製品にも多用されている。最近はトーチをロボットの腕に付けたり、専用トーチで製品を回転させたり、スウィングさせて自動化も進んでいる。量産式ロボットロウ付け機はやまと興業が業界に先駆けて内製化した。自動化ラインも内製化している。一方トーチロウ付けの生産性向上には限界があり、大量生産の時代を迎え、それに対応した新しい設備の導入を実施した（後述）。

3．キャリア・ガードレバー・パイプ構成部品の生産

パイプ材を使ったオートバイの外観を形成する車体部品も順調に受注できた。炭酸ガスアーク溶接やアルゴンガスを使ったTｉｇで複数の部材を接合し、図面に忠実な部品を作っていく。デザイン性が求められ、いかにすっきり仕上げるかが腕の見せ所となる。パイプベンダー、プレス機、スポット溶接機で作られた部材の精度が接合工程で評価されるので前工程ほど重要と言ってもよい。表面処理のクロムメッキ、亜鉛メッキ、塗装は全て外注加工となっていて、多くの業者さんの協力で部品が完成される。

①クロムメッキの種類

光沢クロムメッキ、黒クロムメッキ、艶《つや》消しクロムメッキ

②亜鉛メッキの種類

クロメッキ、シロメッキ、鉄亜鉛メッキ、ニッケル亜鉛メッキ

③塗装の種類

静電塗装（色付け可能）、電着塗装（カオチン塗装、耐熱カオチン塗装）

④アルマイト加工

アルミニウムの表面処理（色付け可能）

四、ブライトサイクス処理導入―アイビーエックス株式会社設立

(1)　炉中ロウ付け（ファーネス・ブレイジング）

無酸素の雰囲気中でロウ材の融点まで母材を昇温してロウ付けする方法で、完成品は素材が還元されてピカピカ（ブライト）の表面となり、ロウ付け品質で特に機密が安定する。メッキ工程の前処理が簡単で連続炉を利用すると大量生産にも対応することができる。アンモニア分解ガスやプロパン変成ガスで炉内を無酸素の雰囲気をつくり、電気ヒーターでＭＡＸ1200℃まで昇温させる、やや大型の装置となる。

(2)　連続炉導入

74年、２年をかけて検討し、アンモニア分解型連続炉の導入をした。山崎社長自らが設計したこの山崎工業製の最新式電気炉は鉄系、黄銅系、そして最も難しいステンレス系のロウ付けが可能で浜松地域では初めて導入となり「新技術ブライトサイクス処理導入」と日本経

済新聞にも取り上げられて売り出した。

当時、コントロールケーブルの増産でネック（隘路《あいろ》）となったのは構成部品のガイドワイヤの調達であった。オートバイのスロットルケーブルには2個必要で、鉄の切削加工、特に∅2.8、長さ60㎜を超える長穴加工は大変で、協力部品メーカーが要求された生産量が作れないとギブアップしてきていた。そこで設計を変えてパイプ材と切削部品の接合でガイドワイヤーを作ることにした。これが大成功で増産への問題が一挙に解決した。

「ブライトサイクス処理」の名称はやまとの造語であるが、「ブライト」はロウ付け完成品がピカピカに光り輝いている状態を表現、「サイクス」は連続して生産されるサイクルを表現した。白柳伊佐雄技術顧問が名付け親である。

この連続炉の威力は絶大で、大増産に対応できただけでなく、船外機部品に使われるステンレス材のロウ付けや電子材料パーマロイの応力除去のための熱処理にも採用されて24時間稼働が続いた。日本楽器製造（ヤマハ）から他にも銅合金、純鉄などの精密プレス部品の熱処理加工の仕事が大量に入り、新しいバッチ炉（熱処理）も導入した。新たに専用の工場を建設し大型の2号炉を導入、更に真空炉も導入したのを契機にアイビーエックス株式会社として独立した会社となった。航空自衛隊出身の近藤翁氏、子飼《こがい》いの北川邦夫氏が工場の切り回しをしてくれた。その後05年にやまと興業に併合される。

⑶　真空ロウ付け

炉中ロウ付けの一方式で炉内を高度な真空にすることで無酸素の雰囲気をつくり、ロウ付けを行う。精度が求められるニッケルロウ付けや銅ロウ付けに適していてバッチ炉1台を保有している。このように各種多岐の技術を組み合わせて製品を作ることができ、どんな金属でも接合できるので、お客様から支持されている。

真空ロウ付け炉

新社長就任はショックの洗礼・試練の連続

一、新社長就任（商人《あきんど》と経営工学の両立）

一九六〇年第二創業を果たした父・弘はお客様第一主義とありったけの愛情を従業員に注いで事業を展開していた。そして更なる事業拡大のタイミングで若干38才の長男・昌弘に社長を譲ることになったが、内心、新社長の経営者としての能力は全くの未知数のため心配は尽きなかった。自分の眼の黒いうちに新社長に苦労をさせてその経営手腕を測るつもりだったと思う。見込みがなければいつでも復帰してもよいと考えていたフシもあった。

先にも述べた通り会長・小杉弘の経営の理念はまず、「よい製品をつくるには①よい環境づくり②社員教育をしっかり行い③仕事は信頼して任せるのが一番だ。」

2番目に「全員参加の経営」を目指して、人間尊重の理念が基礎となって、やまとファミリー精神と愛情に裏

新社長就任

打ちされた職場をつくることだった。身障者雇用は26名で従業員総数の10％を超えていた。高齢者も85歳まで働いてくれた河合・落合氏がいた。当時は誰もが考え及ばなかった女性だけで運営する工場も成功させていた。

私はこの父の築いてきた地盤を引き継ぐとともに、会社のもつ温かい土壌も引き継ぐ決意を固めた。そして社長就任の心構えを次のように決めた。

①誠心誠意　仕事をする

お客様にも社員にも結果として、信頼される行動をする

②新社長にしかできないことは何か自問自答する

若い俺の役割を自覚する

社員の期待にも応える

③時代が変わる

親爺の路線は継承するが周囲の期待に応えねばならない

新規事業は？新技術は？将来をしっかり見つめる

④81年に任されて作成した小杉弘署名の社長方針・運営図をベースとする

飛躍の年

昭和56年度　会社スローガン

やまとファミリーは一流をめざし 体質強化をすすめよう

運営方針

1. 全社員一丸となって、社会の繁栄に貢献できる企業となるよう
それぞれの分野で努力を継続しよう

2. 独創的技術開発を積極的にすすめ 業界一の技術力
生産力を身につけよう

3. 人間性溢れる職場開発を通じ豊かさを手に入れよう

昭和56年1月5日

やまと興業株式会社

代表取締役社長　小杉 弘

やまと興業株式会社

飛躍の年

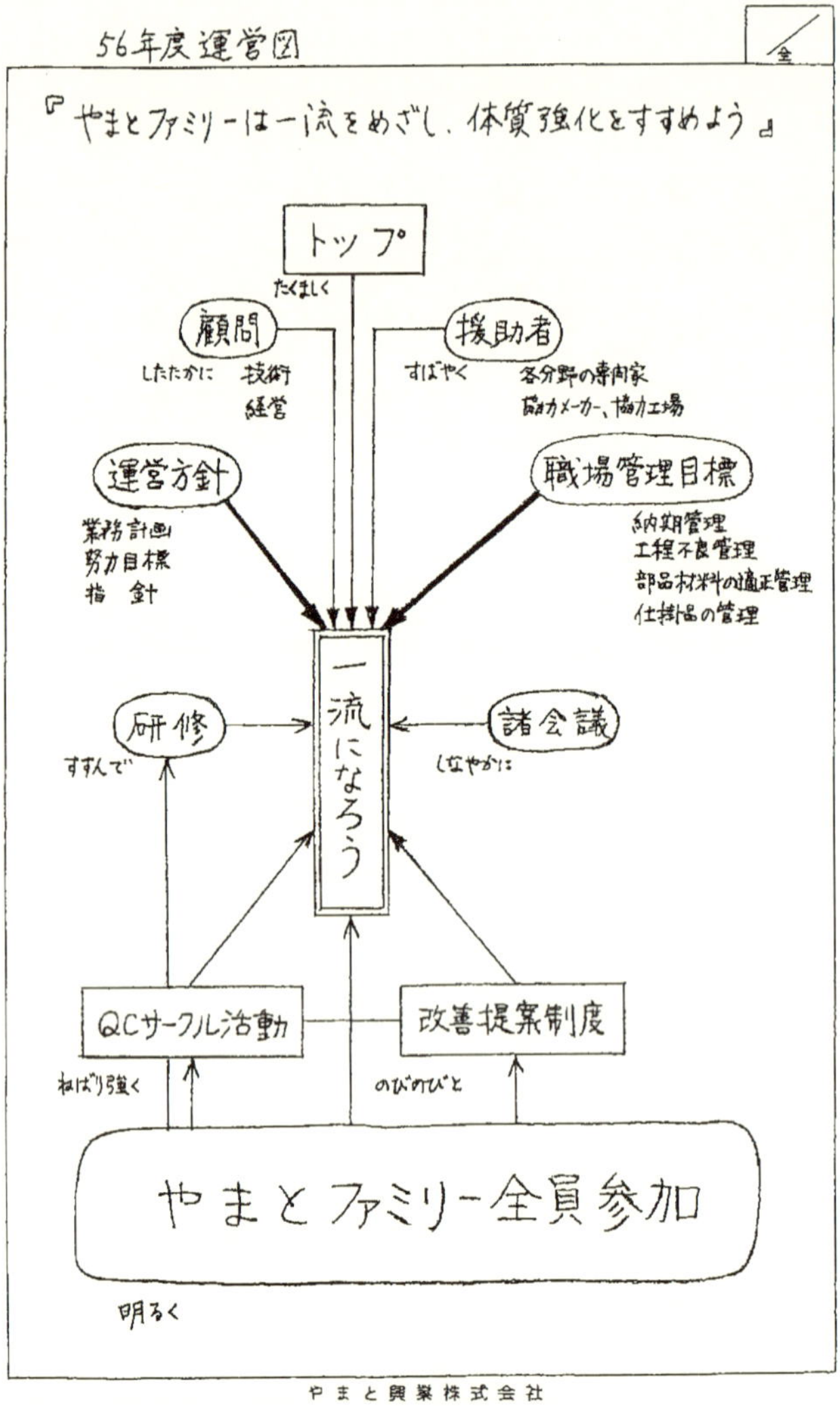

56年度運営図
全
『やまとファミリーは一流をめざし、体質強化をすすめよう』
トップ
たくましく
顧問
したたかに
技術
経営
援助者
すばやく
各分野の専門家
協力メーカー、協力工場
運営方針
業務計画
努力目標
指針
職場管理目標
納期管理
工程不良管理
部品材料の適正管理
仕掛品の管理
一流になろう
研修
すすんで
諸会議
しなやかに
QCサークル活動
ねばり強く
改善提案制度
のびのびと
やまとファミリー全員参加
明るく
やまと興業株式会社

体制図

二、ニクソン・ドル・オイルショック（チャレンジダブルス活動の展開で求心力）

社長就任した年の82年は、後にHY戦争と呼ばれた激しいオートバイの乱売合戦で市場は大混乱した。オートバイの総生産台数はピークの700万台を記録したが、翌年83年には450万台、84年には400万台まで減少していた。

特に83年5月から9月までは仕事が無くて雑草取りや窓拭き、清掃に明け暮れた。仕事の暇な時ほど、社員の出勤率がいいことにも気付かされたが、労使とも必死になって城を守ってくれた。

売価は82年を100とすると83年90、84年88、85年85と引き下げられ、原価低減活動に取り組んだが及ばず、83年・84年の決算は惨めなほど落ち込み、決算書への署名で情けなかった思いが新しい事業展開のエネルギーとなった。

三、かつてない急激な環境変化

①止《とど》まることを知らない円高の進展
②米国をはじめとする各国の保護貿易
③台湾、韓国などの安い工業製品の日本国内流入
④自動車、オートバイの現地生産シフト

トップ交代の時期と営業成績

年次	役職	売上高	経常利益	経常利益率
1981年9月	専務	2,615百万円	137百万円	5.2%
1982年9月	社長	2,832百万円	111百万円	3.9%
1983年9月	社長	2,712百万円	27百万円	1.0%
1984年9月	社長	2,696百万円	21百万円	0.8%
1985年9月	社長	3,516百万円	118百万円	3.4%

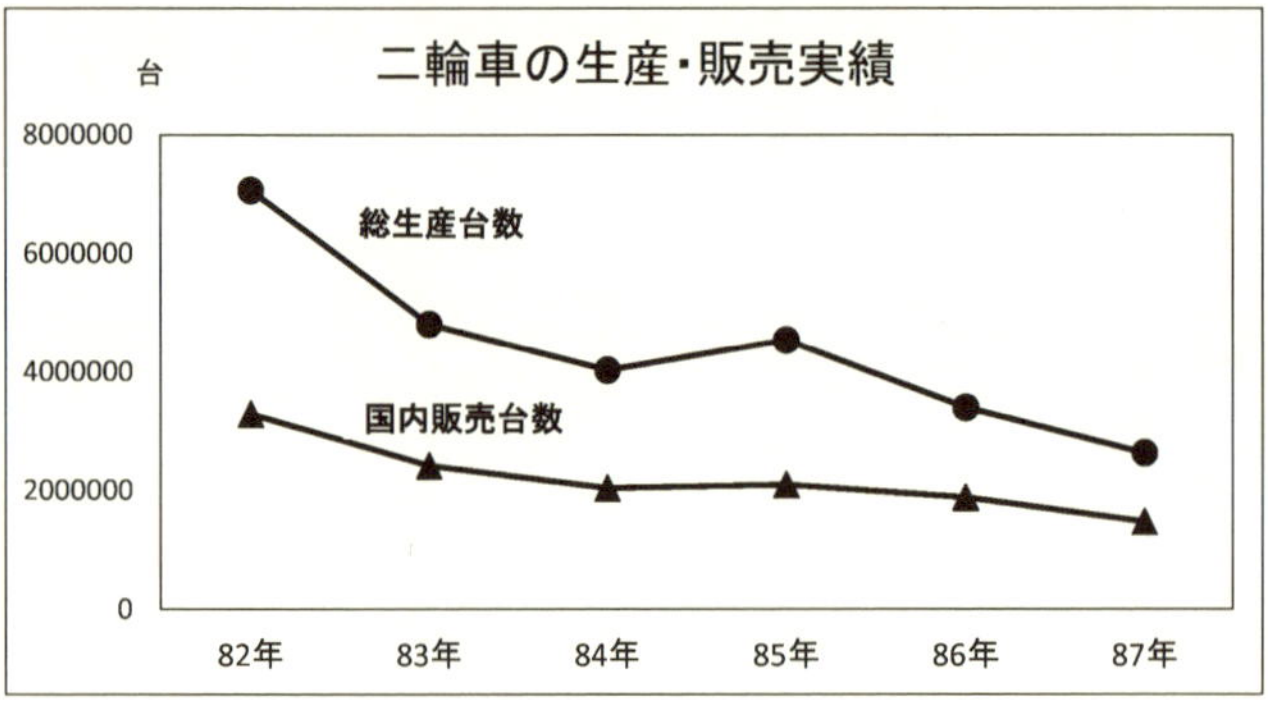

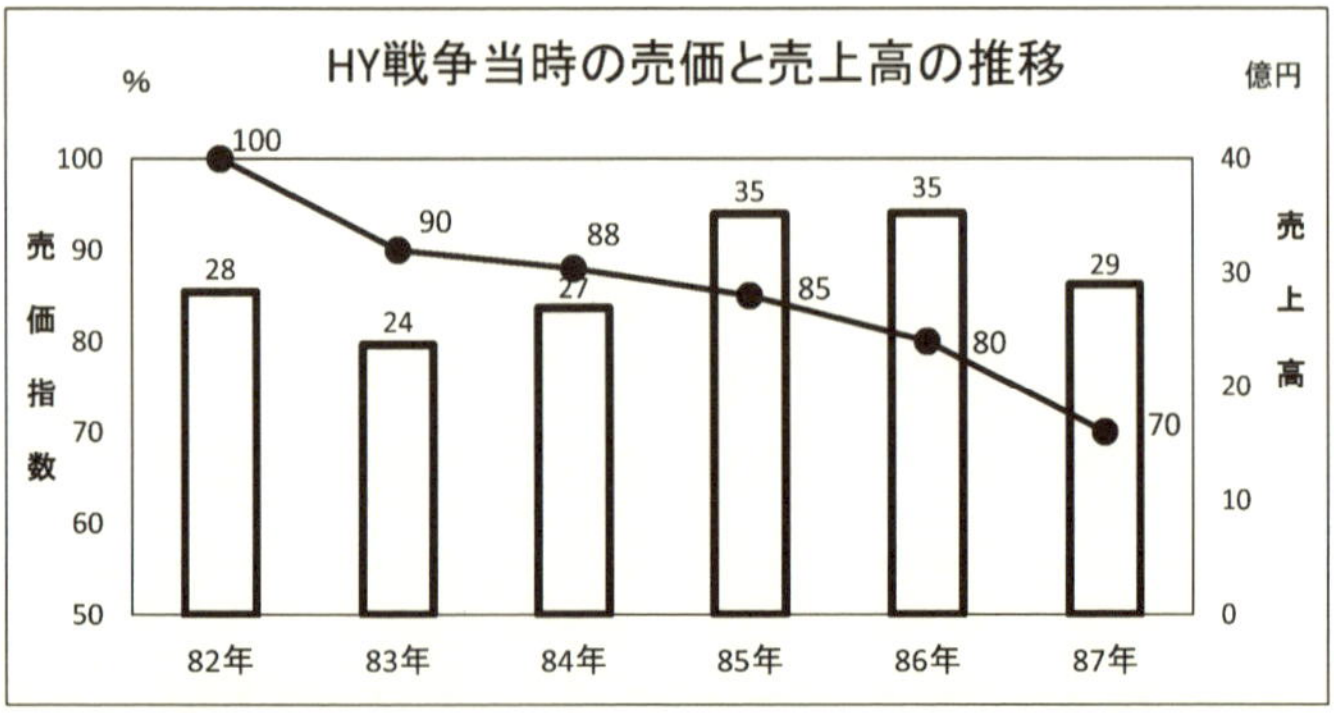

アメリカで日本車200万台の生産開始（90年）
ヤマハ（台湾、フランス、アメリカ）
ホンダ（メキシコ、ブラジル、アメリカ）
スズキ（カナダ、インド、エジプト）
カワサキ（アメリカ）
⑤産業構造の転換期の到来
このような急激な環境変化に対し、次のような会社体質改善計画を打ち出して全社員の合意を求めた。

1. 品質最優先で仕事をする
初期管理・立上げ品質の保証。再発防止
2. 納期順守が確実にできる
納期3日前チェック
3. Challenge2（チャレンジダブルス）活動で生産性を向上させる。
生産性20％アップ（毎月1.5％ずつ人を減らす）　新規分野へ人の配置転換
4. 新規顧客の開拓・新規商品の開発をする
海外進出（マレーシアへ技術援助　85年8月）

新規商品開拓（自転車・自動車用ケーブル・ＩＣリードフレーム・エアコン部品）

5．全員参加による経営の確立をする
社長方針の各部年間計画への落とし込みと3ヵ月計画の社長点検（毎月末）

四、事業分野の拡大・精密プレス金型技術取得(セイコーから技術者と機械をスカウト)

1．電子部品の磁性焼鈍熱処理加工と精密プレス一貫化の挑戦

ヤマハが生産している磁性材料パーマロイは粗性加工により内部に応力歪みが発生し、電子機器に組み込まれると雑音などの障害が発生する。この歪みを除去するために高温で加熱し、還元ガス雰囲気内で冷却させると材料の特性を最大に引き出すことができる。この熱処理をアンモニア分解ガスの連続炉で加工させていただいた。全国の精密プレスメーカー様から仕事が舞い込み、いつも納期遅れで品物が到着し、入荷したら直ちに加工をする忙しい仕事だった。やまと興業で精密プレス加工から熱処理まで一貫してやらしてもらうよう提案をすると、84年2月ＯＫがとれたので、未知の分野への挑戦を始めた。

遠州地域にはこの精密プレス加工と金型製作・メンテ技術が無かったので、東京のセイコー電子工業から33才の若手技術者軽部和男氏（やまと興業元取締役）の移籍を受け、精密プレス金型の製作からスタートした。軽部氏の尽力とセイコー電子工業の理解のおかげで、パー

マロイのプレス加工を受注し腕時計部品の量産も開始された。その後セイコーの都合で生産は終了したがこの実績により、やまと興業にはプレス精密金型製作の技術が蓄積され、樹脂成形金型一週間立ち上げシステムの確立へとつながっていく。

2．樹脂成形一週間立上げシステムの確立

コントロールケーブルには構成部品として各種・多数の樹脂成形部品が使用されているが、全て購入されていた。お客様からしばしば緊急の調達が要求されるのだが、樹脂部品は金型製作におよそ30日を要していて、この製作期間の長いことが競争力を弱めていた。何とかもっと短時間で作ることができればお客様に喜んでいただけるのにといつも悔しい思いをしていた。軽部和男氏の加入により、樹脂金型の標準化を進め、金型加工がパラレルに可能になり、89年2月ついに図面製作、金型製作、成形トライまでを一週間で完了させるシステムが完成した。樹脂成形機は氏原史郎（現常務）氏がモダンマシナリー製の小型成形機を採用し、型締め力、5ｔ、10ｔのプレス機を購入した。現在では50ｔ、100ｔの成形機も導入され、ほぼ全量、自社生産をしている。金型生産の日程が飛躍的に短縮されただけでなく金型コストも大幅に低減できたので客先、特に設計部門の皆様から高い評価をいただいている。一週間で自分の描いた部品が成形品として確認できたのは当時としては画期的なことであった。

3．オートバイ以外の分野の仕事を確保する営業活動

①富士ゼロックス（海老名）

大型コピー機のペーパー供給部品の受注成功（鈴木正保元常務担当）

②ブリヂストン（町田）

カーエアコン用ゴムホースＡＳＳＹ（鈴木正保元常務担当）

③デンソー（刈谷）

ヒートコントロールパイプＡＳＳＹ（鈴木正保元常務担当）

④堀江金属工業（豊田）

ガソリンデリバリパイプＡＳＳＹ（鈴木正保元常務担当）

営業活動はオートバイ生産で培った①早く②安く③確実な製品づくりを売りに次々と成果を上げることができた。営業の取ってきた仕事を生産技術、製造部門が一丸となって完成

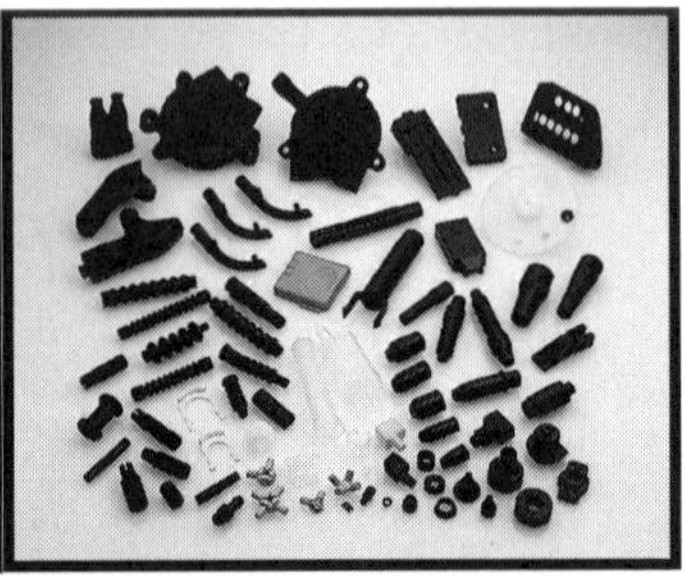

樹脂成形金型と製品

させることで社内には熱気がみなぎっていった。

五、コンピュータ（生産管理システム）導入

この頃生産量の増大と受注点数の拡大に伴って受発注業務が大変になっていった。コントロールケーブルは完成品を作るのに子部品が多いものでは20点になる。受注アイテムも500点を超えるようになると各社からの受注を手際よくさばくのに人手を要し、間違いも起こしたりして、それが原因で生産ラインの混乱を来すようになった。そこでコンピュータの導入を計画。黒崎貢氏、秋山忠儀氏らが中心となって80年にＮＴＴが開発したＤＲＥＳＳ（経理処理システム）にお世話になった。

その３年後、富士通Ｖ—８３０を導入し、自社開発の販売在庫管理システムを導入。ゼロからのスタートで苦労したが、第一ステージでは受発注計画の機械化に取り組んだ。いまだコンピュータの普及が始まる前であり、社内の仕組みも稚拙であったので難行したが一年がかりで稼働した。その後コンピュータの飛躍的な進化に何とかついていけたのも、この時の苦労のベースが生かされている。現在では自前の機械で自前の技術者が機械を使いこなしてくれている。コンピュータの活用はこれからもさらに進化していくが、新システムを運用できる工場をベースにした仕組みを次々に進化させて、最少の資材で最大のアウトプットを出

していかなければならない永遠の進化が求められている。

六、人材育成に注力（暁《あかつき》の合宿がスタート）

①新入社員教育

新入社員は会社に新しい息吹をもたらす将来の貴重な人材となる。父・小杉弘の代からこの教育には特に力を入れてきた。先にも述べたが「企業は人なり」の精神の下、入社初日に親子で会社に出社させ、経営者自らが経営理念を語り、親子の絆を確認させる我が社の方針は人の奥底にある魂の部分に訴える手法であった。必ずしも優秀な人財が応募してくれる時代ではなかったが、「この会社に入りたい」「この会社で頑張る」と決心し入社した若い人達をどう育て、どう戦力として活用していくか会社としても重大な決意で教育プログラムを進化させていった。

私の代になってからも新入社員教育には、引き続いて時間と熱意を注いできた。

そのプログラムを紹介したいと思う。

1．募集活動

大学生・専門学校、短大生対象

学校を訪問し、会社案内と会社の方針を熱意を持って伝え、説明会に参加する。ここで学生の共感を得て、応募を受ける。

高校生対象

近隣の各校に一名ずつの推薦を依頼する。会社のことが良く理解されている担当の先生の一押《いちお》しの生徒に応募してもらう。基本的には応募者全員合格とするので推薦する先生との真剣勝負となる。採用後の結果はフィードバックされて、次年度の採用に生かされていく。

2. 採用試験

・第一次選考

書類審査だけでなく必ず本人と面談し、会社と現場を見てもらう。本人にとっても重要な選択の場と考え、アンケートにも配慮をする。学校での専門知識、技能の修得や成績も大切であるが、この会社で頑張ろうという気持ちを大切にし、筆記試験を経て選考する。

・第二次選考

社長・役員全員面接となる。各事業を任されている責任者が将来を見据えて選考する。優秀な人材の応募があれば複数回開催する。

3. 入社前教育

カリキュラムは次の通り

・内定後その年の12月から自宅へ会社の現況を報告する中で基礎的な性格確認のレポートの提出をさせる。面倒な数字、文字書きや、本人の現況をＡ４一枚にまとめて報告させる。ワープロ投入時間も記入する。これを1月2月計3回お願いする。入社前なので会社からは自社商品を送るなど愛社精神の醸成に努める。

・入社前３日間研修

入社直前の３月20日前後に会社に出社させ、８時間×３日の社内研修を行う。

初日の第一講は社長が担当し、会社の歴史から始まり先輩が築いてきたこの会社を引き継ぐ決心を2時間熱く求めていく。その他の講師は各部門の役員、部次長が勤め、講義を通じて人物の評定も同時に行う。いわゆるプロ野球のドラフト会議が後日計画されていて、その指名に向けて準備する。あらかじめこのことは新入社員に伝えられているので真剣で緊張感みなぎる時間が過ぎていく。

4. 入社後6カ月教育

カリキュラムは次の通り

・日記の交換を指導員と6カ月間続ける。毎日の出来事を確認したり、気付いた事を書いてもらう。つらい、苦しい、大変、疲れるなどマイナスな気持ちもどんどん書かせる。うまくできたこと、うれしいこと、助けられたこと、学んだことも何でも書いておいてもら

103　二代目社長　小杉昌弘の軌跡

平成26年度　新入社員入社前研修スケジュール

	3月24日(月)	3月25日(火)	3月26日(水)
8:30	集合・諸連絡　土戸	集合・諸連絡　土戸	集合・諸連絡　土戸
9:00 9:30	新入社員自己紹介　小杉社長	ケーブル部について　内山重役	管理部について　西野部長 藤田次長
10:00	休憩(10分)	休憩(10分)	休憩(10分)
10:30 11:00 11:30 12:00	会社概要説明と 講話　小杉社長	パイプ部について　氏原常務 上野次長	生産支援部について　宮城重役 川合部長
12:25	昼食(40分)	昼食(40分)	昼食(40分)
13:05 13:30 14:00 14:30	会社概要説明と 本社工場見学 会社規則について　土戸	小松展示場 天竜工場、 都田工場、 アウスウェ見学　寺田重役、土戸	商品部について　寺田重役
15:00	休憩(10分)		休憩(10分)
15:30	給与振込銀行口座について　静岡銀行営業担当		給与振込銀行口座について　静岡銀行営業担当
16:00	常務の挨拶　氏原常務		入社手続　総務課　平野
16:30	作文「社長の講話を聞いて」　土戸	作文「工場見学をして」　土戸	親睦会から挨拶　親睦会幹事長
17:00			諸連絡(入社式の案内等)　土戸

平成26年2月26日

やまと興業株式会社
総務課 土戸

新入社員入社前研修スケジュール

2014年3月26日
管理部総務課

平成26年新入社員入社後研修

	4月1日（火）
8:20	入社式 厚生会館2階
9:00	入社式終了後 集合 諸連絡、作文用紙配布 【安全管理と危険予知】 指導：小杉重役、補佐：川合部長
11:00	研修終了

	4月25日（金）
課題	作文「やまと興業に入社して」 （入社時の初心について）
8:00	厚生会館2階 集合 諸連絡 作文、ノート提出 『給与明細配付、社長訓示』 ※都田工場の社員も、本社工場に集合
9:00	終了後、各職場へ

	5月10日（土）	6月6日（金）	7月25日（金）
課題	作文「初めて給料を貰って」 （お金の大切さについて）	作文「入社後3カ月で学んだこと」 （働くことの意義について）	作文「両親について思うこと」 （入社時の初心について）
15:00	厚生会館2階 集合 諸連絡 作文、ノート提出 「ビジネスマナーハンドブック」を配布 【ビジネスマナー】 指導：寺田重役	厚生会館2階 集合 諸連絡 作文、ノート提出 【ISO9001、14001について】 指導：西野部長、光司課長	厚生会館2階 集合 諸連絡 作文、ノート提出 【品質管理】 指導：氏原常務
17:00	終了後、各職場へ	終了後、各職場へ	終了後、各職場へ

	8月22日（金）	9月26日（金）
課題	作文「今している仕事」 （職場の様子について）	作文「今後いかにありたいか」 （今後の決意、人生設計について）
15:00	厚生会館2階 集合 諸連絡 作文、ノート提出 【改善提案の書き方】 指導：宮城重役	厚生会館2階 集合 諸連絡 作文、ノート提出 【改善提案を発表】 指導：小杉社長 補佐：氏原常務、寺田重役、小杉重役、宮城重役
17:00	終了後、各職場へ	終了後、各職場へ

- ●研修ノートは、毎日記入し、研修先の監督者の検印とコメントを貰っておいて下さい。
- ●作文は、宿題です。研修当日に提出して下さい。
  - ・毎月2枚、書いて下さい。
  - ・指定用紙を配付しますので、これを使用して下さい。
  - ・テーマ、所属、氏名を記入して下さい。
- ●作文用紙が足りないもしくは紛失した方は下記から印刷して下さい。
  - ・本社工場
    W:¥共有¥管理部¥総務課¥
    全社の皆さん自由に使用して下さい¥
    新入社員研修¥作文用紙.pdf
  - ・都田工場
    各監督者から頂いて下さい
- ●研修日時を確認し、忘れずに出席して下さい。

新入社員入社後研修スケジュール

う。この内容を担当の指導者が毎日確認コメントを記入する。たまには上司の課長や部長もコメントを入れる。こうして1カ月分を社長へ提出するのだが、この時原稿用紙2枚800字の自筆の作文を添付する。実はこれは本人も結構大変なんだけれど、それ以上に指導者も大変な仕事となる。それだからこそお互いの意思疎通が深まり、最初の会社に於ける主従関係が醸成されていくことになる。泣いた、笑った、汗をかいた事実も記録として残り、確実に会社に慣れて仕事を覚えていく成長の軌跡が残る。社長もこの内容を確認しながら、指導への日頃のアドバイスのネタとして活用する。

・いよいよ6ヵ月の研修を終える9月まとめの報告会が開催される。指導者から学んだ「カイゼン」活動を生かし、実際に自分で実施した内容を社長プレゼンという形でパワーポイントを使い発表する。見違えるようにたくましくなった彼等の姿を社長は目を細めて聴き入ることになるが、至福の刻を味わい、幸せに浸ることができる。毎年この日を楽しみにして、本当の「やまとの子供」の誕生を喜ぶ。

・新入社員の個人別研修記録簿が前年12月の入社前教育の資料から整理保管されてこのファイルを親御さんに届ける。「会社ではこうやってお宅の大切な子供さんをお預かりし、根気よく教育しています。ぜひ中身を確認してやってください。そして親としての教育の参考にしていただくと同時に、会社の応援団の一員になっていただいて万一本人が不満や会社への気持ちが離れそうになった時には引き留めてください」こんな気持ちを込めた手紙を添えて送っている。どの親御さんからも丁寧な言葉で「ウチの子供をよろしく頼む」と返答が返ってくる。これで新入社員教育の最初の一クールが終了する。

・今の制度になるまで紆《う》余《よ》曲折があったが新入社員の定着と戦力になる時間が短縮されてきたなどの大きな効果を上げている。

暁の合宿

②監督者の啓発教育

現場を預け、日々奮闘している第一線の監督者が真の実力を付けないと競争には勝てないので課長以上の役職者を対象とした研修会を立ち上げた。指導をヤマハの五十嵐正氏にお願いし、定例で月1回の割合で午後5時半から開催したが、第一講は「管理とは」で目標を設定し、管理線を引くことが管理の基本であると学んだ。非常に新鮮な勉強会で監督者としての基礎を一から勉強した。仕事の上での悩みの相談にも乗ってくれ、毎回2時間の予定をオーバーしたがこの時間を参加者は真剣に受け止めてくれて休む者はいなかった。

その後現場で起こる諸々の問題を解決しようと合宿での研修会も開催されるようになり、鈴木規男氏が加わり豊岡荘で徹夜の議論・研修が行われた。テーマは「納期遅れ」「品質不良」「初期管理」など日頃苦労している身近なものだった。講師の指導で基本に立ち帰り、グループに分かれて徹底して本音の意見を出し合い発表用のまとめをする。完成したグループから就寝できるのだが気が付くと夜が明けていることが多かった。朝食後、全体発表を終えて研修は終了する。

この研修会は指導者も新たに池谷憲治氏が加わり年2～3回行われ皆、暁《あかつき》（垢付き）の合宿と呼ぶようになった。

七、全社員勉強会

77年4月私は入社10年目を迎えた。入社以来成長期に入ったオートバイ産業の中で事業拡張を続けていたが、人手不足により新規採用が難しかったので中途採用者が増え、その教育に力を入れていた。品質問題や、急激に増えた従業員のやまと興業への愛社精神をどうまとめていくか新たな教育を取り入れようと腐心していた。

そこで全社員が一同に会して行う研修会を企画し、「やまと興業全社員研修会」を開催することにした。第一部は社長のあいさつと会社方針の確認を行い、第二部はヤマハの杉山友男取締役に相談して、池谷憲治氏が講師として紹介された。池谷氏はヤマハの品質管理のエキスパートで、品質保証体制づくりや流出不良・工程内不良の削減など現場での改善まで幅広い指導を受けた。会場はヤマハ発動機の浜北工場にある厚生会館をお借りした。その後毎年4月に定例で開催され、82年から会場を新装なった浜北文化センターに移した。この年は後にヤマハ発動機の社長になられた長谷川至購買部長が「助手席に乗るな」という演題でアメリカでの勤務体験と世界の情勢を話してくれた。毎年お招きする講師は多士済々で五十嵐正氏（ヤマハ）、白柳伊佐雄氏（技術士・やまと興業顧問）、鰐渕淳氏（セイコー）などいろんな分野からの専門家にお骨折りをいただいた。

私はこの全社員勉強会を人財育成の重要な柱の一つと捉え、ほんとうに全員が参加することを求めた。参加できないという者には「勉強のチャンスが失われる」ことを理解させて同意を得たのでほぼ100％の社員が参加してくれた。この勉強会は今年で38回となったが途中どんな経済情勢となっても必ず開催され、全社員が参加する約束もみんな守ってくれている。86年にやまとファミリー協力会が設立されたのでその年からこの会に参加するようになって勉強をする仲間が一挙に増えてさらに盛会となった。

全社員勉強会のプログラムも講師の話を聴く講演会形式から社長方針を各部門で展開しているその成果の中間発表をする場へと変わってきた。日頃の活動は5～10名のサークル活動が中心で、TPM活動の経験を生かし、職場内の問題を見つけ、参加者の総意を改善につなげている。各部門から選ばれて1チームずつが晴れの舞台で発表のチャンスをつかむことができるが発表者は入社2～3年の若者がやることにしている。本人にとっては最も緊張する場面となり大変だがサークル・職場の応援や何回ものリハーサルを重ねて腹が据わる。毎年新しいスターが誕生する瞬間は華々しく本人にとっても人前で話す、発表する喜びとなり、私にとっては堂々と発表を終えた若者を見て、あの子がここまで成長したかと胸が熱くなる。人を育てる喜びを感じる瞬間である。

八、監督者研修会・部次長会

監督者研修会

80年代に入りヤマハからの仕事が毎年20％を超える勢いで増えていった。毎日物を作るのに追われて管理が手薄になってトラブルに見舞われていた。そもそも人が足りない。残業で手当てして、夜食は三井屋の丼うどんで夜9時が定時だった。製品を何とか作って、お客様のラインをつなぎとめていたような状況が続いていた。

この現状を放っておけない。何とかしたいとヤマハの五十嵐正氏に相談したところ、やまと興業の会社を回しているのは現場の監督者なので、その人達に対して「管理とは」につい

月末に開催される監督者研修会

て講義をしてくれることになった（前述）。社長は有り難かった。しかし土曜日の終業後夜5時半からの勉強は一週間夜9時まで働いた監督者にとっては非常に辛かったはずだ。それでもみんな集ってくれて勉強した。「管理とは目標線を引くこと」「いつ誰がやる」ことを決めるのは監督者あなた自身だ。製品づくりに振り回わされていて、それを忘れていませんか？明確に私どもの欠如していたことを指摘され、解決の方策も伝授された。こうして月1回の監督者研修会がスタートした。監督者は、管理の手法に目覚め、決められた生産数を確保するだけでなく、管理者としてのもう一つの業務「改善」に向かって計画を立てて、期限を決めて、生産現場を磨き上げていくことができるようになった。

五十嵐先生の指導は1年で終了したが、82年私・小杉昌弘が社長に就任したのを機に社長が監督者研修会を主宰した。このスキームは次のようになる。

①社長が作成した年度社長方針の発表を受けて、②各部門の責任者（部長を兼務した取締

役）が所属課長を束ねて部門方針を樹立する。③課長はその部門方針を受けて「課の3カ月計画書」に落とし込み、これを年4回作成する。即ち課長はPDCAを年4回まわし、職場運営だけでなく職場の問題を解決する「改善」業務を行う。

私はこの3カ月計画書の進捗状況を毎月末の5時から全員出席の緊張した研修会で点検する。課長はこの1カ月間の活動経過と成果の報告を各部門の幹部・仲間の前で要領よく、資料を添付して行う。社長は一言漏らさず聞き入り的確に社長のアドバイスをする。感じた通り、今までの経験、直感をフル回転させ、次から次の課長へと20人を超える相手と真剣勝負をしていく。指導を受ける課長も大変だが、2時間半を全力で駆け抜ける社長の私もパワーが要る。

このスキームは後に導入したTPM活動のコンサルタントの先生方にも高い評価を受けたもので現在まで32年間脈々と続いている。当社の経営のベースとなっている。

部次長会

86年4月私は社長就任4年目を迎え、幾多の経営課題を抱え、孤軍奮闘・悪戦苦闘していた。社長の悩みを聞いてもらう会を主催しようと考え、昼食を取りながら組織を束ねてくれている部長・次長の諸君から意見を言ってもらうことにした。そしたら社長の悩みと思っていた事を言葉にして幹部に伝えることだけで、気持が楽になり肩の力が抜けた。私は一人ではない、この幹部に私の苦しんでいることをしっかり伝えれば答えが出てくることに気付いた。こうして毎週火曜日の定例会が始まった。実は「社長の悩み」は口に出して言ってしまえば簡単に解決していったのだ。悩んでいた自分がおかしくなったが、折角みんなで集って食事をする場なので、今度は幹部の皆さんの悩みを言ってもらうようにした。これも効果抜群で問題の共有とともにその答えは簡単に出てきた。やはり幹部の悩みもそんなに沢山あるわけではない。毎週の定例会なので、各部門の一週間にあった出来事や、年間計画の進捗を発表する場へと移っていった。この頃は昼食後の時間はそれぞれの趣味の話や隣の猫が子を生んだというようなサロン的な会話を楽しめる会になっている。当然ほぼ100％出席で部次長会は運営されている。

九、やまとファミリー協力会設立（専門家集団の知恵の集結）

円高が急速に進展し、時代が大きく変化した1986年三月、やまとファミリー協力会を設立した。コントロールケーブル、パイプ部品を製造するやまと興業にとって最も大切な仕入先もこの時代の大変革に翻弄されていた。ここは、皆で力を合わせ、結束して乗り切っていくしかないという思いで仕入先の皆様に呼び掛けたところ61社の賛同を得て初代会長にはワイヤーロープメーカーであるクリサンセマム㈱会長の菊川繁春さんに、副会長には地元のプレス加工メーカーである㈲鈴木プレス工業所社長の鈴木吉郎さんにお願いしスタートした。構成メンバーは大手の上場会社から地場の協力工場までプロの腕前を持つ専門家集団の集まりであった。

やまとファミリー協力会という名称は、父小杉弘の会社運営の理念から採り、運営はやまと興業を核として協力会メンバーの技術交流の場を醸成させることとした。

とにかくこの会に参加することが愉快で、みんなが腹を割ったお付き合いができればいいと、やまと興業会長小杉弘を中心にして家族的な事業運営を心掛けた。

事業計画は役員会にて決定、4月の定期総会・懇親旅行に始まり、5月の社長方針中間発表会、7月には協力会の会員とその家族でマリンスポーツを楽しむ製品研究会、そして1月には賀詞交歓会および懇親会と行事を計画し、実施している。

やまとファミリー協力会　賀詞交歓会

3年目の89年8月には、海外へ広い視野を広げようとタイ・シンガポールの進出企業（タイ・エンケイ）07年6月には中国のやまと興業子会社（南方拉索有限公司）と二度の海外視察も実施している。

協力会の会長とやまと興業の会長は非常に馬が合い、行く先々の最高の旅館で最高の料理とお酒を飲み交わすことをいつも求めていた。これが会員からも大いに喜ばれ、懇親旅行はいつも大盛会であった。

賀詞交歓会は浜松名鉄ホテル（現クラウンパレスホテル）で100名を超える大会議を開催する。第一部は会長の年始の挨拶とやまと興業の会社方針の発表に続いて、毎年著名な講師の方から経済講話や趣味の話を聞いた後、第二部は日本全国から取り寄せた珍しい日本酒を酌み交わし、地元のバンド、クラシック音楽、演芸、手品、フラダンス等々椅子に座ってゆっくり新年を楽しんでいただく。

7月の製品研究会は、船外機部品を作る部品メーカーとして、最終製品を利用することで使われ方を確認するようヤマハマリーナと協力して開催する。マリンジェットの模範演技は、佐藤金属の望月課長の肝いりで全日本チャンピオンを招いて行われる。マリンジェットを所有する西尾精密、やまと興業も大勢の会員や家族にマリンスポーツの醍醐味を楽しんでもらう。大型クルーザー・モーターボートのクルージングを楽しむこともできる。昼食はバーベキュー。会員会社やその家族の皆さんと、冷たい生ビールを飲める製品研究会は、お酒が好きな私にとって大変楽しみにしている行事である。28年間続いている協力会活動も、多い時には70社を超えていたが、景気の影響も受け、現在では55社となったが、会の活動は第二代会長高部守弘氏や第三代会長神谷文吾氏にしっかり受け継いでいただいて盛況である。

協力会活動の廃止や見直しがされる中、やまとファミリー協力会は異業種の交流の場、情報交換の場として今後も活動を継続して行くことを、会員会社の皆様と確認し合っている。

十、東京モーターショー出展（新たな顧客を開拓）

新たなお客様の開拓と、やまと興業の知名度向上を図る為に、1997年（平成9年）自動車部品メーカーの夢でもあり、今までの「いつかは東京モーターショーに出展できる部品メーカーになる」その夢が実現した。

「テクノロジー・スピード・エコロジー」をテーマに、鈴木取締役（現㈱山本産業社長）をリーダーに実行委員会を発足、出展準備に入った。初めての出展なので社員の関心と同意を得るため、展示ブースは社員の手作りを提案、ブース正面の壁には静岡の企業をイメージし富士山と茶畑の大きな写真を採用することとした。

期間中のブース当番は、できるだけ大勢の社員で分担し、同時に東京モーターショーをくまなく勉強、視察するよう段取りをした。

東京モーターショー

展示品は各部で検討、ケーブル部はオールステンレスケーブルや超小型ケーブル、鉄工部・アイビーエックス部はパイプ加工の断面サンプルや、ロウ付け・溶接技術、システム部では小物樹脂部品や、内製の樹脂金型、治工具を展示することにし、無事に本番を迎えることができた。

その年の東京モーターショー全体の入場者は150万人を超えたが、やまと興業の展示ブースにも大変多くの方に来場いただき、また沢山の問い合せや引き合いを受け、社員の奮闘で大成功にて終了することができた。割り当てられた小間は一コマであったが、確実な一歩を踏み出した。

その後、99年の第33回、01年第35回まではやまと興業単独での出展を続けたが、自動車部品工業会が共同展示ブースを出展することになり、この仲間入りをさせていただいて03年共同出品として出展を継続し現在に至っている。

今までの出展を通じ、カーメーカーや部品メーカー、素材メーカー等の多くの引き合いを受け、新たなお客様との交流が始まった。

そして、13年第42回の出展では、コントロールケーブルのアウターケーシングを極限の外径φ3に細くした製品が注目され、念願の自動車用コントロールケーブルで新規採用へとつながった。

こうして、多くの自動車メーカーや部品メーカーに、やまと興業の製品と技術を知っていただくことができる東京モーターショーには、今後も継続して出展できる技術開発・商品開発を進めていきたい。

十一、TPM活動とPM優秀事業場賞第二類受賞（人と機械の体質改善）

ＴＰＭは『全員参加の生産保全』の略称。日本プラントメンテナンス協会（ＪＩＰＭ）が提唱する、人と設備の体質改善で、生産システム効率化の極限追求に全従業員で取り組む活動である。徹底的な５Ｓと設備をトコトン分解する保全活動が特徴だった。

「一流の企業になりたい。」企業の体質改善は人材の育成が最重要で、やまと興業は早くから種々の人財育成に取り組んできた。（人材を人財と表している。）70年代はＱＣサークル活動を全社展開してＴＱＣ活動、80年代にはチャレンジダブルス活動と銘打って、生産性も利益も対応スピードも2倍を目指す強力な体質改善活動を展開してきた。世は真にバブル景気であったが、87年、客先の厳しいＱＣＤ要求に対応するにはＴＰＭが有効としてヤマハ協力会の数十社が一斉に活動を開始した。２年が経過した時、ヤマハ発動機の購買担当が本気でＰＭ賞に挑戦する会社はあるかと参画を促したが手を挙げたのは3社だけだった。ウォータポンプを加工するイハラ製作所、歯車を製造する東洋精器、そしてやまと興業が賞取りに向かって87年10月キックオフを宣言した。活動の推進役となる事務局に若手の氏原史郎（現常務取締役）を指名して全社活動の体制を作り活動をスタートさせた。この活動はこれまでのどんな活動より厳しく苦しいものとなった。５Ｓは床の隅々から設備の中まで、天井裏から工場の外回りまで手を抜かせない。その上で自分と職場はどうあるべきか、目指す姿はどうだと意識改革を迫られる。とにかく手を、体を頭を働かせないと前に進まない。活動は残業を終えてからの夜間や休日に及んだ。「人と機械の体質改善により、みんなで自慢できる職場を作ろう」「全員参加で会社を変えよう」そんな活動は相当な金食い虫だった。毎年1億円、トータル3億円以上を費やした。ヤマハ発動機の強力な支援に加えて、この活動を何が何でも成功させるため、コンサルタントとして生産保全研究所の長田貴所長と中西勝義氏が派遣されてきた。月一回の指導日には現場を中心に、計画の進捗をチェックし、次々とレベルを上げて現場改革を指揮された。そして、「なぜできていないのだ。」「やってないとは何事か。」と常に活動の遅れや、モチベーションの低さを問題にされた。指導する先生は真剣そのもので、妥協は許されなかった。受けるやまと興業の社員も顔色を変えて指導についていった。お蔭で徐々に改善が進んでくると、誰が見ても見違えるような姿に現場が変わっていったので苦しくてもみんな頑張った。本当によく頑張った。

『客先に信頼される〝ピカピカ清流生産職場〟』を目指して展開した活動は５本の柱。

◆自主保全　５Ｓと自主保全で故障ゼロ、汚れナシのピカピカ職場を目指す

◆設備技術　専門保全と設備の自社開発で、頼りがいのある専門集団職場を目指す

◆生産性向上　ライン化と設備ロスゼロ、作業ロスゼロの清流生産職場を目指す

◆品質保全　慢性不良対策・初期管理で不良ゼロの客先に信頼される職場を目指す

◆業務効率化　効率化に取り組み事務ロスゼロの少数精鋭職場を目指す

一流を目指した死に物狂いの活動を経て、92年5月「ＴＰＭ実施概況書」がまとめられた。87年10月からの活動の記録は153頁に及んだ。いよいよ最終の本審査が8月に始まった。審査委員長はＪＩＰＭの鈴木徳太郎会長でトップ自らが委員長を引き受けてくれた。他に東海大学工学部教授の師岡孝次氏、芝浦工業大学工学部教授の津村豊治氏だった。丸一日をかけての審査のメインは現場確認だ。改善事例を説明する社員の顔は、イキイキ、ハツラツ。自慢の職場で自信に満ちあふれ、目を輝かせて審査員に熱く説明した。ＪＩＰＭから毎年進度確認に来ていた鈴木徳太郎審査委員長の口元が緩んだ。女性だけで運営される天竜工場では感

鈴木徳太郎先生の指導

極まって審査員の目に涙が浮かぶ場面も。厳しい指導に反発して途中に会社を辞めてゆく社員も少なくなかったが、この活動をやりきった社員はみんな自信にあふれていた。「頑張れ、頑張れ。」と応援してくれていた会長が本審査の直前に死去してしまったが、それらを受け入れて乗り越えて活動を成し遂げた。「よくやった。」あの厳しい長田先生が言った。その言葉に皆感動し、本当にやり遂げた実感とともに胸が熱くなった。

このＴＰＭ優秀事業場賞第二類受賞はその後のやまと興業の事業展開の全ての基盤となり、人材育成活動や新しいお客様の開拓へとつながっていった。

十二、ISO9001・14001認証取得（企業体制の強化と海外を視野）

2000年12月ケーブル部門でＩＳＯ９００１の認証取得することからやまと興業のＩＳＯの歴史が始まった。当時の世界的な流れとして、品質管理体制強化への取り組みが求められ、認証機関で品質体制を認めてもらうことが、次の仕事を確保するために有効な手段との考え方が主流であった。実際にＩＳＯ９００１認証取得が、購買契約の必須条件の得意先もあり、海外メーカーとの取引には欠かせない条件となっていた。

ケーブル部門の認証取得に向けて、97年に、当時のヤマハ発動機株式会社購買推進担当者の指導・指示を受けてヤマハ発動機と同じ認証機関（Det Norske Veritas）通称ＤＮＶで認証を取得することに決めた。ＩＳＯ９００１がどんなものかも知らず、ただ「会社の規定を文書化すること」の一心で品質規定を作成した。

最初の認定時に準備できたものは、「品質マニュアル」39頁。「品質管理規定（ＹＱＲ）」43規定、全209頁。「品質管理標準（ＹＱＳ）」34規定、全117頁にもなった。文書化することが目的だったため、使いやすいかどうかはまだ問題ではなかった。認証審査には2日間にわたり3名が、規定に定められた通りに現場で運用されているかを細部にわたり審査・確認が行われた。重大な不適合はなく、軽微ないくつかの問題を指摘されて合格となった。立派な認定証（MANAGEMENT SYSTEM CERTIFICATE）が発行されてきたが多額の費用も発生した。

その後、02年1月には、パイプ部門も認証取得できた際には、さらに頁数が増えていった。毎年の認証監査や内部監査を通じて規定類の追加と見直しを繰り返し、膨大な量の品質文書になってしまった。03年11月には、ＩＳ０１４００１の認証取得もできたのでこの時には文書の簡素化に努め、環境マニュアル33頁で済ませた。しかし、まだ認証のためのＩＳＯの域を脱せず、自分達の仕事に生かせるものとしての確立はできていなかった。

13年間続けてＤＮＶの認証を受けてきたが、11年11月の認証更新時期からは、ＮＰＯ法人ＳＤＣ検証審査協会の勧めもあり自己適合宣言に変更した。これは認証機関の監査により認証更新ではなく、自らがＩＳＯ規格に合致していることを外に向けて宣言するもである。経費の節約ができるだけでなく、自らの責任を求められるものである。内部監査をはじめとして、更なる自社の品質・環境管理体制の自主管理・強化が進んだ。この自己適合宣言に変更することで、当初の認証のための「ＩＳＯ」が、やっと自分たちの仕事に生かせる「ＩＳＯ」に昇華できたと思う。

海外進出の失敗の教訓と十年後の再チャレンジ

一、合弁でヤマトコウギョウ　マレーシア（マレーシア・ポートクラン市）操業

浜松で生まれ育ったオートバイ産業が80年代から東南アジアに進出し、部品メーカーも現地に進出を始めるようになっていた。国内のオートバイ用コントロールケーブルの60％を超えるシェアを持っていた当社には、この技術の移転を求めて盛んに交流が持ち込まれていた。台湾、インドネシア、インド、タイ、韓国から真剣な話が続いた。私どもも85年マレーシアで作られるヤマハ発動機殿のオートバイのコントロールケーブルが輸出できなくなり、現地生産をせざるを得なくなった。ライセンスを取得していたＡＭＡＮＪＹＡ社と技術援助契約を結び、やまと興業製の生産設備を送り生産を始めた。現地資本に設備と技術を移転して事業はスタートし、堅実な地歩を築くことができた。その後91年10月、かねてから進めていたＡＭＡＮＪＹＡとやまと興業、山宏貿易の三者で合弁会社を設立し、ポートクラン市にある工業団地へ新工場を建設し、92年1月操業を開始した。マレーシアでは国産技術を育成する目的で51％以上の資本を外国企業が持てない頃で、当社の資本は45％となった。生産方式は日本と同じ一貫ラインでケーブルのアウター素材加工から組み立て、品質保証までを行った。

製造品目はスロットルケーブル、スターターケーブル、ブレーキケーブル、クラッチケーブル、加えて矢崎総業の技術支援でスピードメーターケーブルも手掛けた。

こうして92年1月工場完成披露を兼ねて、オープニングセレモニーを開催し、本格的創業が始まった。工場竣工式にはマレーシア工業省のDATO' N' sadasivan氏をはじめ共同経営者のLee氏とその関係者、山宏貿易の小柳常雄社長、山崎泰司専務、やまと興業からは父、小杉弘会長他、初の海外工場のお祝いということで会社幹部や社員の代表も多数出席した。ヤマハからは購買本部長と購買課長が日本から参列してくれたので大変華やかな式典となった。祝宴はSaujana Resort Hotelで行い、後にこのゴルフ場の会員になり活用した。

生産活動は日本からの出向者の鈴木光成氏、大塚高志氏により順調に展開された。新規採用者から選抜され日本に派遣された研修生も大きな戦力となった。現地にコンドミニアム(一戸住宅)を購入し、出向者の安全、快適な住環境も整えるなど気合をいれて投資した。事業拡大のため創立間もない時期から私の主導で取締役の小杉耕一郎氏とともにプロトン(マレーシア唯一の自動車メーカー)に営業活動を展開し、パワーステアリング用パイプ組立品を明治ゴム化成の技術協力で売り込んだ。大いに評価され、採用が決まろうという時に共同経営者の不忠が発覚した。

2回目の決算書類で違和感を感じ進言をした。3回目の決算書類が期限を過ぎても提出されず、再三の催促の末に出てきた決算書と関係帳簿に粉飾が発見された。使途不明の資材購入や、銀行のサイン権が勝手に改ざんされ、会社の資金が共同経営者の個人口座に流出していた。度々訪問して詳細の説明を求めたが、面会の約束も守ってくれなかった。共同経営者が信用できなくなった。

この事件は弁護士に解決をゆだね、事件発覚1年で合弁解消の上、当社の持株を全て買い取らせた。情熱を傾けて立ち上げた会社がこのような形で終結したことは誠に残念で「時間を返して欲しい」と悔やんだ。初の海外工場の経営に失敗した心の痛手は大きかったが、その後10年間「海外生産はもうゴメン。俺は国内で技術をさらに磨いてマレーシアに移転したケーブルの技術大革新をするぞ」と宣言した。そして社員と力を合わせ国内工場の実力を高める活動を展開していった。

事件の解決金は、マレーシアではいまだバブルが続いていたので工場用地や建物の評価が値上がりしていて、出資金相当額が戻って来た。

二、単独で南方拉索廠（中国・東莞市）操業

マレーシアでの合弁操業の失敗から10年後、日本に於ける自動車産業は成熟期を迎えた。一方、国内二輪車需要は頭打ちから減少の途をたどることとなる。さらに、二輪車メーカー

は原価低減の為、海外生産品を調達する動きが活発となり、やまと興業が取り扱っている二輪車用コントロールケーブルに対して、３年で30％という大幅なコストダウン要請が発せられる事態となった。このままでは当社の柱のひとつであるケーブル事業が崩壊してしまうという危機感を抱き始めた。01年、築き上げてきた金看板を守るため「我々も海外でコントロールケーブルを生産するしかない」という決断をして、当時世界の工場として注目され始めた中国での生産を検討した。

私の友人で既に10年前に中国進出を始めていた先駆者、大東特殊電線 伊熊謙社長から、中国の安価な労働力や来料加工制度を使った経営の成功事例を学び、案内してもらった東莞市塘厦の工場の一画が空いているのを見て、伊熊社長に「ここで仕事をスタートさせたい。協力してほしい。」と懇願した。そうしたら「小杉さんなら面倒みるよ、おいでよ」と快い返事をもらった。02年11月、伊熊社長の中国工場、南太電線電纜廠の一画と、電線押し出し機の空き時間を間借りさせてもらうこととなった。

いよいよ中国での生産のメドが立って、お客様からのコストダウンを段階的にのむことができ、これでケーブル事業の存続の方向性が確保された。プロジェクトはケーブル部取締役の斎藤徳広氏が中心となり、日本の工場で採用されている最新式の生産システムを導入することにした。総経理は齋藤徳広氏、出向者の秋山忠儀氏が副総経理に就任して現地の指揮を取った。スタッフの採用は南太さんの協力を得て、複数回の面接を経て優秀な人材を確保できた。今も彼等は十年選手として大切な業務を担ってくれている。

スタート時の社名は「東莞塘厦南方拉索廠」（以下、南方拉索）である。従業員は地方からの出稼ぎ者が大半で全寮制、少しでも快適な環境を整えるように工夫を重ねた。朝昼晩会社で食事を取るので特に食事には力を入れ、おいしい台湾料理店の社長を口説いて給食会社を興してもらった。これが評判を呼び、南太さんをはじめ日系の数社が今では採用して大繁盛している。

進出した東莞市は、来料加工制度を利用した海外企業誘致が盛んな地域で、香港に無人法人を置くことで輸出入を全量非課税で行え、加工費のみを経営資源にするという来料加工形態を認可していた。初期投資が抑えられ、中国の安い賃金で（当時、日本の20分の1）製品を一貫加工し、日本または第三国に輸出するのに有利な制度である。徐々に日本から南方拉索に生産を移管し、2年後の04年8月には塘厦鎮が大家である3階建て工場へ独立、08年9月には月産50万本と、日本本社ケーブルの70％を生産するまでになった。日本本社はこの南方拉索から製品を安く仕入れることで、顧客のコストダウンを吸収することが可能となり、香港―名古屋間の定期便で毎週40フィートコンテナを回すムダのない物流で、両社共に利益を保つ体制が確立した。

この南方拉索は、先に述べたように設備・技術は日本本社をそっくり移植し、各セクションの長となる現地スタッフを丁寧に育てた。また、作り方・管理の仕方は日本流を崩さないことを基本に置いたことで、本社品質に負けないものづくりができている。10年には本田技研工業殿より、中国製ケーブルの品質が優れていることで「優良感謝状（品質部門）」Supplier Award を受賞する実績を挙げた。出向者は初代秋山忠儀、二代目斎藤徳広に続いて内山康臣、植田純、松下和敏、渡邉規之各氏が勤め、海外生産の礎を築いてくれている。現在日本人出向者1名で、従業員は220名となっている。

創立10周年式典

以上の様に、中国での操業が順調に推移したのも、中国成功者であり恩人である伊熊社長のご助力のお蔭で、敬意を込めて感謝申し上げたい。12年創立10周年式典には伊熊謙、和代ご夫妻を迎えることができた。

これまで順調に成長してきた南方拉索の経営にも悩みがある。日本の二輪市場のさらなる縮小と、中国最低賃金上昇などでコスト競争力が厳しくなっており、南方拉索の今後は楽観視できない。政治による日中関係悪化も経営リスクとして色濃くなって来た。11年8月に来料加工から進料加工に転換し独資化したことを活用し、日本品質を評価してくれる中国市場の開拓や、優良部材の現地調達化をさらに進めることが課題となっている。12年11月、南方拉索設立10周年を祝うことができたが、生産性と品質をさらに磨いて、海外進出の先鋒たるさらなる発展を期待する。

三、100％子会社　やまとインダストリアル　ベトナム操業（ベトナム・ハノイ市）

07年8月、オートバイの生産が700万台となったＡＳＥＡＮへの進出を検討するため、社内で調査チームを結成した。斎藤徳広を長とし、田中裕之氏、今村康二氏がタイ、ベトナム、インドネシアのどの国に進出するのが良いか調査に出掛けた。最も需要の多いインドネシアか、この3カ国でこれから最も発展が期待されるベトナムか、既に工業化が進展していてインフラも整備されているタイか、さまざまな側面から検討した。報告会で委員から最終決断は私にと委ねられた。思案の結果「ベトナムにしよう」と腹を決めた。ベトナム人は日本人を尊敬していて、日本にあこがれている。しかも勤勉な国民性で仏教国でもある。ＡＳＥＡＮ進出が随分遅れてしまったので、これから発展の可能性があるベトナムにしよう。将来、ＡＳＥＡＮ各国の関税がなくなるというニュースもあった。私の出した結論にみんな同意してくれたが、それではいつからという本当の決断はいまだできなかった。

08年2月、ホンダさんへかねてから要請していたプライベート技術展示会が開催されることになり、やまと興業が指名された。今回は4社が指名されていて、売り込みの絶好のチャンスと捉え、今の技術力・製品開発力を見ていただくため、私どもの会社の総力を挙げて出展した。ASEANで既に生産されているオートバイの部品をとり寄せ、性能を上げコストを引き下げるアイデアを盛り込んだVA品を製作して展示した。ある設計者が展示品を手に取り、「これで行こう」と非常に高い評価とともにベトナムへの進出を促してくれた。私も社長としてその場に立会っていたので、めまいを覚える程の驚きを感じた。

帰りの新幹線の中で私の腹は決まった。「ベトナムに進出するぞ」と佐々木純司、川井優、宮城和弘、鈴木康之、川合崇夫、鈴木慎也各氏に気持ちを伝えてベトナムプロジェクトが誕生した。進出先はハノイ市と決め、既に進出している仲間の会社に工業団地の空きスペースを問合せたところ、日系企業が集積しているタンロン工業団地にも、新しいノイバイ工業団地にも用地は空いていなかった。いよいよ困って政府系の中小企業基盤整備機構に仲介をお願いしたところ、現地で私どもと一緒に土地を探してくれることになった。やっと足掛りをつかんだのは決心から2カ月経った5月になっていた。

私は現地で土地を見つけたら、その手で契約をしてくるよう斎藤徳広取締役を長とする小杉知弘（私の長男）、今村康二氏に重要な仕事を委ねた。出発して5日目、私に電話が入った。

中小機構の片岡利昭氏が用意していた6カ所全ての土地がいまだ開発計画だけだったり、道路もないような不便な土地で、今すぐ進出したい私どもにとっては不適でいよいよ困ってしまった。明日最後のバクニン省クエーボ工業団地へ片岡氏の昔の仕事仲間を頼って行くが、何とかそこで決まって欲しいと悲痛な電話であった。翌日、斎藤から団地の一画に沼地があり、工業区画となりそうなのでそこで契約をしたい旨の朗報が入り、全権を彼に委ねて契約させた。敷地面積は2.8ヘクタールで、同行の小杉知弘の進言で広い方の土地を取得、新会社「やまとインダストリアル　ベトナム」を資本金250万US$で設立し、初代社長に斎藤徳広、副社長に小杉知弘を指名した。その後この土地は開発に不適となり、条件の良い代替地で造成が始まった。

08年5月にキンバックシティと土地契約を結び、翌09年7月に投資許可が下りて、日本のナカノフドー建設により工場建設が始まった。第1期の投資総額は600万US$で5630㎡の工場を建設した。

私も土地購入に当たり本契約を結んだり、造成遅れを督促したり、地鎮祭など度々ベトナムを訪問して新会社を任せる現地スタッフの採用を検討していた。そんな折、キンバックシティに勤務するRuc氏が新会社への採用を申し出てきた。彼は購入した土地の契約担当者で日本語のできる青年であった。開発スケジュールの進捗や上司との難しい交渉を進めてくれていた。彼の真意をはかる為、奥様とも面談し採用を決めた。ベトナムでの現地スタッフの採用は彼が中心となり進められたので、優秀で頼りになるメンバーを獲得できた。

工場内の設備は全てやまと興業本社で調達し、大半が内製機械で占められたが、中国南方拉索進出から5年の間に進化させた最新のラインを設置することにした。お取引先との納入期限が決まっている中での工場建設であったため、設備搬入は屋根と地面ができた状態で行われ、09年7月に量産がスタートした。土地契約から14カ月での快挙であった。しかし、この現場指揮をとっていた斎藤徳広氏に病気が見つかり、1年後に他界されたのは痛恨の極みであった。私は彼の病状の合間をぬって工場完成式を行ったが、そこには気力を振り絞って出席してくれ、完成した工場を眺める斎藤氏の勇姿があった。私の信頼する彼への気持ちがこの瞬間伝わったと信じている。

スタートはスタッフ5名、オペレーター20名から始まり、導入設備はやまとダイカストが4ライン、同年9月には樹脂成形機4台、同年12月には金具職場が完成した。日本から多勢の支援者が派遣され、本社の総力を挙げて支援した。ベトナムはオートバイ部品の輸入関税が高いので現地調達を心掛けた。しかし部品メーカーが見つからないので構成部品となる金具類を当社として初めて内製化したが、その技術はかねてから取引していた中国の金具製作メーカーである「浩華」とT／Aを結び実現した。ベンチレース47台、ヘッダー1台、研磨機2台、転造盤2台など、全ての工作機械は中国製で構成された。東邦貿易社長の王家祥氏には大変お世話になった。

斎藤から社長を引き継いだ小杉知弘ほか、中野肇凡、河合祐介、金原弘明諸兄の尽力でその後順調に設備導入を進め、11年には計画より早く損益分岐点である月産30万本を突破し、単月黒字を達成した。スタッフは10名、オペレーターは200名を超えて新会社の基盤は確立された。

14年には第二期工事に着手し、1万㎡の工場で月産150万本のケーブル生産が可能となった。今後もインドネシアの工場への部材供給基地として、さらに新たな事業の受け皿として重要な工場と期待されている。現在、二代目社長

ベトナム工場

川井優氏が指揮を執っていて、従業員は500名を超えた。

四、ベトナムの兄弟会社やまとインダストリアル　インドネシア操業（インドネシア・ジャカルタ市）

ベトナムの進出はアセアン市場をターゲットにしていたので、工場が完成する前からオー

トバイの最大市場であるインドネシアへの営業活動を展開した。ベトナムで作るケーブルを売り込んだが自国での産業保護政策などで完成品をパススルーすることが難しいことがわかった。01年当時、年間生産台数が600万台ものオートバイ生産をしている日系オートバイメーカーは、売り込みに好意的で「インドネシアに生産工場を建てたら購入するよ」と言ってくれた。日本での長い取引実績のおかげで、海外でも大事に扱ってもらえることに感謝してベトナムに続いてすぐに新会社を設立することに不安はあったが生産基地を作ることになった。

11年ジャカルタ郊外にあるジャバベカ工場団地の1000㎡のレンタル工場を契約し、11年4月にBKPMから基本投資許可が下りた。資本金20万ドルで製造メーカーの資格が与えられた。インドネシア事業は「小さく生んで大きく育てていく」「早く工場を立ち上げる」ことを念頭にスタートし、ベトナムの社長小杉知弘がインドネシアの社長を兼務して、顧問の今村康二氏の協力もあり、期待以上のスピードで開業できた。初代工場長は弱冠28歳の浅野啓太を起用。周りから「若すぎないか」と心配の声もあったが見事に工場を立ち上げた。

やまとベトナムが兄貴、やまとインドネシアが弟分の関係となり、前工程の組立や部材はベトナムから全て供給され、インドネシアでは最終アッセンブリーを行い完成検査、性能確認の上、出荷する体制が作られた。損益分岐点生産数は20万本で、ブレーキケーブル1ライン、スロットルライン3ライン、計4ラインで創業当時のスタッフ、オペレーターは計8人でのスタートであった。

会社運営の要となる現地スタッフの採用は就職斡旋会社にお世話になった。幸いにもハナさんという優秀な女性管理者を筆頭に頼りになる男性のアリアントなど採用された。しかし工場が整備され、いつでも受注可能という情勢になってからが大変だった。なかなか仕事にありつけない日が一年続いた。

景気の一時停滞もあり、新規参入メーカーには厳しい環境となっていった。

ベトナムでの成功の手法をインドネシアでも実践し、現行商品のVA品を開発し、技術提案を続けた。スズキさんが最初にリアブレーキケーブルの採用を決めてくれ、同時期にホンダさんからもスロットルケーブルのM／Lをもらい、続いてヤマハさんからもブレーキケーブルの受注を受けることができた。

やまとインドネシアはインドネシアにおける三番目のケーブルメーカーで後発だったが、その後新機種立ち上がりの時には「一機種二社購買政策」のおかげでようやく採用をいただけるようになった。そして工場での生産もやっと10万本を超えた13年8月には将来の受注を見越して、工場裏の空き地800㎡に工場を拡張した。

「オートバイの巨大マーケットで30％のシェアを確保する」という目標に向けて営業活動

は技術陣をフル活用して進められた。その成果が14年1月に現れた。まず、本田さんがメイン機種のスロットルケーブルの今までの30％ではなく、なんと50％の発注を決めてくれた。続いてヤマハさんからもメイン機種のブレーキケーブルの50％のM／Lを受注した。そして次の機種も、次の機種も。この仕事量の増加はやまと興業本社での歴史でも経験したことのない大型受注に発展した。第二代工場長の藤森英之氏はこの難事業を指揮し、工場拡張、2シフト稼働、勤務体系、新規採用などに奔走した。

私は社員に向けて「このいただいたチャンスを必ず成功させよう、頼むぞ」と檄を飛ばした。そしてやまと全社を挙げて、体制づくりに取り組んだ。すでに先手を打ってベトナムでの拡張は進めていた。この工場のコントロールケーブルの製造設備はほぼ100％内製機械なので本社の生産支援部がまず大変なことになった。宮城取締役を筆頭に川合崇夫部長、製造部門の山田清次係長が顔を真っ赤にして言った。「やります。間に合わせます。」製作する機械の総数は100台を越えていたが、軽部和男特別顧問や、リタイヤしていた鈴木光成氏、田畑実氏も復帰して短納期で設備を完成させた。

何かあれば、困難が起これば団結するみんなの気持ちにブレはなかった。よくみんな頑張って大変な仕事を澄ましてやり遂げてくれた。これは当社の自慢できる財産と言ってよい。ほんとうにみんなよく頑張ってくれた。受注量は昨年比、5倍を超えた。

やまと興業の海外事業成功の理由の一つとして人財に恵まれたことが挙げられる。日本からの駐在員は会社の使命をしっかり守るだけでなく、その土地の風土を素直に受け入れようと非常にアクティブで前向きな行動ができることだ。自らが行動し現地に馴染む。そうすると進出した国の文化、習慣、付き合い方で「本気」の姿勢が出るので相手にはそれがしっかり伝わって信頼とともに本人の生き方も変わる。「日本人大好き」とみんな日本人の味方になっていく彼等を見ているとやまと興業の創業の原点が伝わり評価されていると実感する。

インドネシア工場内

インドネシアでも現地で採用したスタッフ、オペレーターたちが新たにこの会社の風土を作り、会社立ち上げ当初からのスタッフが「ここで頑張る」と言って辞めないで頑張っていることはインドネシアでも珍しいことと言っていい。決して大企業ではないし、格別賃金が高いわけでもない。「この会社が好きで居心地がいい」と言ってくれている。そのメンバーの笑顔が私もたまらなく好きだ。

中国南方拉索でも、やまとベトナムでも、そしてやまとインドネシアでもこの会社を愛する社員の気持ちをこれから先もずっと受け止めて行かなければと思う。

思うに私の派遣した駐在員はみんな私の期待に応えてくれている。しかも素晴らしい活躍で期待を超えていると言ってもよい。これはやまと興業の創業以来の先輩たちの教えをしっかり引き継ぎ、それを自分のものとして次の世代に教え、引き継いでいく。これは簡単なようでなかなか実践することは難しいが、海外というステージで実現できていることを誇りに思いたい。このような人間関係や使命感がつなげられて、次の新しい事業展開がある。どんな国でも通用することをこれからも期待したい。

グローバルという言葉が馴染み始め、近い将来「海外」という表現がなくなるくらい世界の製造業は時代に見合う拠点づくりを求められていくであろう。まだ世の中にない新しい技術、商品をやはり安く作るスタンスはこれからも変わらないはずだ。そしてどこの国に行っても「郷に入れば郷に従う」その発展のために地域貢献を進めていくことを忘れてはならない。

やまとブランドの自社商品を開発販売

一、創業50周年記念事業

95年1月5日、創業50周年祝賀会が浜松名鉄ホテルで開催された。このホテルは浜松で開業以来、駅前という立地で便利なため、やまとファミリー協力会などで利用していて懇意にしていた。創業者、小杉弘が亡くなって初の全社員が集まる式典であった。私は気合を入れてモーニングに蝶ネクタイを付けてステージにセットされた金屏風の前で元気よくこの式典の口火を切った。

社長あいさつ

「本日をもってやまと興業は満50歳。晴れの50周年を迎えることができました。」

と宣言した。この50年を振り返り、TPM活動をやり抜いて人も設備も会社も強く逞しく成長したこと、大増産に対しては生産性向上の改善で乗り切ってきたこと、設備の故障ロスや品質不良ロスの徹底排除に努めてきたことなど社員の今日までの労をねぎらった。しかし経済環境は92年のバブル崩壊で売り上げが激減、新規の受注もままならない状況になっていた。ともすると消極的・悲観的になってしまいそうな時であったが、そんな弱い気持ちを払拭するように明るく前向きににぎやかに、そして力強く開催した。

ご列席の来賓は、森島宏光浜北市長様、杉山友男先生、R1第2620地区パストガバナー乾昇様、地元浜北ロータリークラブの後藤佑芳会長様、取引先代表はヤマハ発動機から購買課長の石原様とMC開発の荒木部長様、中日新聞の編集局長と記者、取引銀行の方々、そしてやまとファミリー協力会の会員の皆様であった。この会は単に50周年を振り返るだけでなく、次の50年に向けて何か新しい事業に挑戦するキッカケをつかむ会にしたかった。漠然としていて何を作るかは決まっていなかったが、「やまとブランドの自社商品が欲しい」と社員の夢は広がっていった。そして、この日のために準備してきた記念事業は二つあった。

(1) 交通安全を祈願してレイダックライト（ブリヂストンの発光フレキシブルチューブをやまと興業が受託製造していた）を浜北警察署の指導で最も危険な交差点の一つである国道152号線バイパスの新原交差点に寄贈した。村松電気さんの協力を得て全長30mを設置、交差点の注意喚起を促すように夜間は点滅発光し、注目を集めた。

(2) 従業員の力で社会に貢献する事業をしたいと国際ロータリークラブ第2620地区の事

業であり、中日新聞が協賛していた「バングラディシュに新しい学校を作る募金活動」に賛同して全社員から寄付金を募り、総額111万6千円余が集まった。募金活動を中心になって推進していた清水良教取締役は、自宅から小銭預金をしていた壺を寄付、5万円余が入っていた。こうして思いがけない大金が集まった。

社員代表がロータリークラブと中日新聞の代表者に目録を手渡す。皆様に育てていただいた50年の恩返しができた瞬間である。翌日の紙面には写真付きで大きく掲載された。ステージではこれからのやまと興業を支えてゆく若い社員たちが各々の夢を披露し、食事のテーブルでは会社の発展をネタに会話が弾んだ。エンディングはレイダックライトと東京の東急ハンズから仕入れてきたルミカライトで光り輝くコンサート会場の再現となった。

「みんな夢を持っているか！　挑戦のパワーはあるか！」川合崇夫中堅リーダーが声を限りに叫ぶと、満場の応答。「ＯＨ！　おぉう！　ＯＨ！」

今日から生まれ変わる。新しいやまと興業を築き上げて行くのだと全員が奮い立った。

二、発光ダイオード（ＬＥＤ）との出会い

50周年祝賀会はレイダックライトやルミカライトで七色に彩られ、大いに盛り上がった。

「そうだ。世の中を明るく照らし元気にする商品を作ろう。」

オートバイ部品メーカーが新規の事業を手掛け始めた。もっと会社を元気にして、社員と夢を共有し、コストダウンで苦しむ中小企業が新たに自社商品を開発して活路を見出そうという積極的チャレンジである。バブル崩壊の経済環境でオートバイ業界が厳しい競争にさらされ、部品メーカーは大きなダメージを受け続けていた。この時、このままでは駄目だ、何とかしなければこのままじっとしていてもジリ貧、と危機感を抱いたのがきっかけとなった。これまで取り組んできたTPM活動で社員のもの作りの意識は大きく変化していた。「与えられた仕事をするだけでは駄目だ。オリジナルブランドの自社商品を作りたい。」開発の機運が一気に盛り上がった。この新規事業の責任者に氏原史郎研究開発部長が指名された。

開発の第一弾は、交通安全グッズのファンタジックライトだった。静岡県は交通事故の中で人身事故率がワーストワンだという。地元の浜北警察署の署長や交通課長に相談すると夜間の歩行者を守る自発光式の手持ちタイプのライトを切望していた。コンセプトはできたので全力で魅力のある商品開発に取り組んだ。光源の豆電球の光は混濁していて魅力に乏しい。何か良い光源はないか?行き詰っていた光源探しに発光ダイオード（LED）を紹介してくれたのが、当社の技術顧問である白柳伊佐雄先生であった。初めて手にする超高輝度LEDの赤と橙は単波長で混じり気のない透き通った光を放っていた。このLEDを光源とする自発光型の安全ライトを試作することにした。すぐに作りたいと思っていたものができた。試作品の中から丸い輪が鮮やかに光る商品が選ばれ商品化した。「ファンタジックライト」の誕生である。商品の形状を決め、設計図を画き、金型設計まで一気に氏原一人で進め商品が完成した。樹脂成型、LEDの組み込み、発光チューブの製造など全ての工程は内製技術でできた。一生懸命作って、商品は完成したが「さてどうやって売ればいいのか」売り方は考えずに商品だけ作ってしまったのだ。シーズをくれた浜北警察署員が売ってはくれないので仕入れ先をはじめ社員の家族親戚・友人知人に購入を勧め販売コンクールまでやった。夜間に全社員が会社に集まりライトを手に持って浜北警察署の許可を得て市内をキャンペーン行脚もやった。1万個作った「ファンタジックライト」は社員の懸命の努力のおかげで完売した。ここで我々はもの作りのプロではあるが、販売のプロではないことを実感させられた。マーケティングなどお構い無しで商品作りの自信と話題性だけで突っ走った結果すぐに販路の壁にぶつかった。「作る技術」以上に「売る技術」の難しさを痛感した。利益を確保したうえでの1個三千円の売価では、いくら良いものでも高すぎる。これが市場の評価であった。では1個千円なら売れる商品になるのか？第二弾の商品開発が始まった。

三　世界初のLEDペンライト誕生

開発に取り組んだ商品はLEDペンライトの「チアライト」この開発も氏原史郎氏が担当

した。ファンタジックライトは導光部が二層構造の光ファイバーで、それ自体が大変コストアップの要因であった。目標販売価格は1個千円。それに向かってシンプルなペンライトタイプの形状でしかも、筒状のプラスチック製発光部とした。赤と橙のルミカライトと同等の魅力的なペンライトの目途がついた。そんな時、異業種交流として所属している浜松テクノポリス推進機構の事業推進部長である山田顕二氏から、浜松で一番ＬＥＤに詳しい先生を紹介すると連絡が入った。静岡大学工学部電子工学科の藤安洋教授である。先生はこちらが伺うよりも早く会社に来られて、徳島の日亜化学工業が世界に先駆けて超高輝度の青色ＬＥＤを発明したことなどＬＥＤの最先端を熱く語られた。「情報は秒を争う」とは先生の口癖である。開発された当時ＬＥＤ一個千円、しかも百個買わないと売ってくれない青色ＬＥＤは超高級品であった。それを世界の誰よりも早くペンライトに組み込もうと皆が必死になった。先生はその場で交流のある青色ＬＥＤ発明者の中村修二氏に購入の交渉を行い貴重品を手に入れた。開発メンバーはどこよりも早く、誰よりも早くペンライトを開発しようと手持ちの材料を切削して試作に取り掛かった。営業担当は東京の展示会でどこよりも早く発表を目指す。そうして96年1月にチアライトが上市された。この年は東急ハンズをはじめ各販売店でコンサートグッズ、パーティグッズ、交通安全グッズとして爆発的な売れ行きとなった。そして展示会からの新規顧客開拓はジャニーズコンサート用のペンライトに発展した。私は東

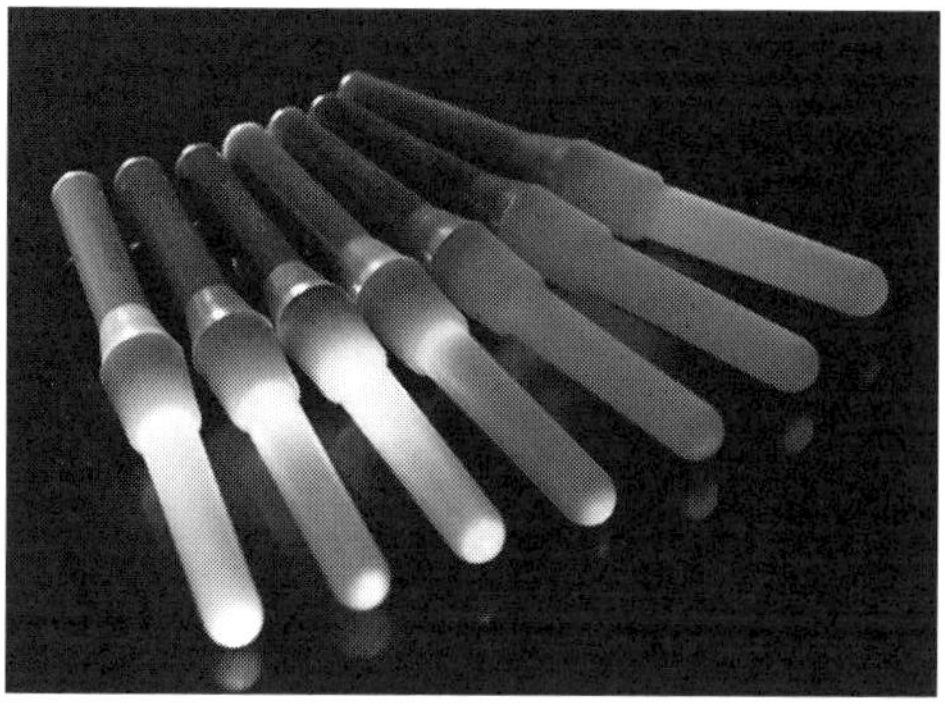

チアライト

京ドームで開催された「ＳＭＡＰ」コンサートの会場で衝撃的な光景を目にした。その日新しい商品を買い求めたファンは「ＳＭＡＰ」のステージに向かって「チアライト」を振る。圧倒的に明るいＬＥＤの光が会場の中に点在した。「すごい。すごい。明るい光だ」ファンはみんな夢中になって「ＳＭＡＰ」用に開発したオリジナルペンライトを振っていた。その光景は今まで私が経験したことのないものだった。自然と涙があふれ出しペンライトがにじんで見えた。初荷で収めた5万本が完売し、現場から電話を入れた。「全部売れた。追加生産の準備をせよ」と。会社で朗報を聞いたメンバーはみんなそれに応えた。こうしてアッという間にジャニーズのＴＯＫＩＯ、Ｋｉｎｋｉ　ｋｉｄｓ、Ｖ６などのファンの必需品になった。

次のターゲットを東京ディズニーランドに定めた。社員から「やまと興業で作った商品が東京ディズニーランドで売れるといいね。でも無理だよね」あこがれの夢舞台で「ミッキーマウスの付いたペンライト」を売り込みたい。みんなの夢となっていた。私も一肌も二肌も脱いで社長としての仕事をしなくてはならないと強い思いで、知り合いの商社、取引銀行などに売り込みの糸口を求めたがどうにもならない日々が過ぎていった。96年3月私はオリエンタルランドに直接電話をして売り込みに挑戦した。つながった電話の3人目でバイヤーの五十嵐氏が電話に出て、私の売り込み話を聞いてくれた。「青色発光ダイオードを使ったペンライトを開発した」と言ったら、即座に「すぐお会いしたい。その商品を見せてください」と言われた。彼は新商品に青色LEDを採用したいと勉強していたことが後で知らされた。ラッキーな方が電話口に出てくれたのだ。あまりにもあっさりとアポイントが取れて拍子抜けだったが、電話を切ってからその重大さをかみしめ、ここから先の仕事は若手の営業の寺田英男氏に任せた。「頼むぞ。君に任せるからうまくやってくれ」。見事一発で受注につながった。期待に応えてよくやってくれた。おかげで東京ディズニーランドを運営する株式会社オリエンタルランドとの契約に成功し、同年のクリスマスイベントから「キャンドルライト」として発売された。ファンタジックライトで感動したLEDの光をディズニーランドに売れるといいね。社員の思いを飛び込み営業でアピールして採用になった。後日談として電池使用の光物グッズはオフィシャルスポンサーであるパナソニックが独占していたが、購買担当者がやまと興業のものづくりを評価してくれたことを知った。自動車部品会社がグッズの売り込みに来たのは初めてである。その製品は部品作りのQCD（品質が保証されている・コストに魅力がある・納期を確実に守る）を満足しているものでディズニーにふさわしいものと認めていただいたのだ。こうして信頼を得て現在まで光るペンダント、バッジなど300アイテム以上の光るキャラクター商品で来園者に笑顔を提供し続け、地元浜松、浜北の子供たちがディズニー商品を生産販売するやまと興業をまぶしく見てくれている。

ＬＥＤの特徴

○光源の寿命が長い。寿命10万時間で圧倒的寿命である。

○エネルギー変換効率が高い。省エネルギー光源豆電球の10分の1の電気コストとなる。

○光の3原色（青色・赤色・緑色）を発光できる。赤色は2.8Ｖで青色・緑色は3.8Ｖで発光する。フルカラー発光が可能となる。

○高指向性光源で照射角度を選べる。照射角度0度〜180度で広い用途に応用できる。

この素晴らしい光源21世紀の明かり、ＬＥＤは人を喜ばせて楽しませて感動させてくれる。電気の使用量を減らし地球の環境を守ってくれる。新しい産業を興してくれる。次から次へと商品開発と用途開発にすすんでいった。

四、世界初のLEDイルミネーションの開発販売

ＬＥＤペンライトの販売が好調に推移していた98年、ＬＥＤを光源とする発光フレキシブ

ルロッド「光字くん」の開発に成功した。「光字くん」の商品化を検討した結果、2000年世界初のLEDイルミネーション「ライトハーテッド」の販売を開始した。このロッドは、従来二層構造が常識であった発光体を、単層で実現した発光体であった。この製品の開発にも我が社の樹脂押し出し成形の技術が活かされている。このように開発のサイクルを回し続けることで人が育ち企業の成長ができると思う。

時同じくして、01年やまと興業の自社商品を紹介販売するアンテナショップ「アブスウェ」をオープンすることとなり、世界中の楽しいクリスマス商品を扱うこととなった。当初は電球のイルミネーション等を問屋から仕入れていたが、クリスマスイルミネーションも電球からLEDの時代へ必ず移行すると考え、自社商品のLEDイルミネーションの開発に着手した。当社の樹脂成形技術を生かし、LEDに樹脂成形のしずく型キャップ並びにリボン型キャップをつけた世界初のLEDイルミネーション「スパークルライト」を開発、販売開始した。

02年このスパークルライトをギフトショーに出品し市場の反応を確かめた。さらに03年より、従来の電球を使用した従来型イルミネーション（ペッパー球、麦球）の電球部分をすべてLEDに変更した当時としては誰も考えていなかった画期的なイルミネーシーョンを開発、販売を開始した。高価なLEDを大量には使えなかったが、当初1ライン20球でスタートした。翌年100球として1000球まで1ラインで点灯できる商品の開発で日本中に広がった。

　製造業の中小企業にとっての最大のネックは販路開拓である。技術があり、良い商品を開発しても、販路が開拓できないがために撤退せざるを得ない場合がままある。当社も同様な悩みを持っていたが、それを克服できたのがギフトショーへの出展であった。全国各地からバイヤーが集まるギフトショーをはじめとする展示会こそが、絶好の情報収集の場であり、営業の場である。毎年、そしてできる限り新しい展示会を求めて出展を続けた。現在の当社のイルミネーションの顧客のほとんどは、ギフトショーなどの展示会がご縁になっている。

JR名古屋駅

　世界初のＬＥＤイルミネーションも現在では常識である。ここ数年のＬＥＤの普及には目を見張るものがあり、当然競争も厳しい。しかし、ここでも当社の技術力、品質の高さが評価され、特に装飾業界ではやまと製を使いたいと高い評価をいただき、商業施設、ＪＲ、私鉄の駅関連の装飾等、全国各地で当社の商品が使われ冬の風物詩として皆さんの心を和ませている。

やまと興業のＬＥＤ商品が採用された主な施設

1、ＪＲ名古屋駅
2、ＪＲ博多駅
3、恵比寿ガーデンプレイス
4、大阪ステーションシティ
5、大阪ＨＥＰファイブ
6、福岡空港
7、御殿場アウトレット
8、北九州スペースワールド
9、札幌ファクトリー
10、東京ドームシティ
11、東京タワー

五、アンテナショップ「アヴスウェ」と「ハウスラッピング」

遠州鉄道浜北駅前のなゆた浜北にアンテナショップとして「アヴスウェ」をオープンし、最新のＬＥＤを使ったＬＥＤイルミネーションとクリスマス雑貨を販売した。浜北では珍しいガレットとクレープのカフェを併設し、市民の憩いのお店となった。

ガレットとはフランス・ブルターニュ地方の郷土料理で、そば粉を使った甘くないクレープ。中に卵やハム、チーズなどの具を入れフランスでは人気の食事のクレープとして開業した。珍しさもあって浜北でも人気のメニューとなった。店長は、私の娘小杉千恵がフランス人のパティシエであるベルナール氏の指導を得てパテシエの修業をして開業した。

アンテナショップ「アヴスウェ」

ＬＥＤイルミネーションをもっときれいに、そしてより目立つ場所で展示したいと考え、天竜川のほとりの浜松市豊町に移転した。のどかな田園風景と水面に光り輝くイルミネーションを見ながら、ガレットやお茶を楽しめる有名なカフェとなった。06年から地域の活性化のためにと、世界遺産を巡るイルミネーションオブジェを作り始めた。イタリアのミラノ大聖堂に始まり、延長100ｍの中国の万里の長城、そして今は高さ17ｍのスペインのサグラダファミリアを5万球のＬＥＤで創作した。これらの作品は、吉田八郎氏（元当社常務取締役）が手掛けてくれた。今では、地域のシンボルとなって明るい街づくりに一役買っている。

アヴスウェをＬＥＤイルミネーションで飾る経験を生かし『ハウスラッピング』事業が生まれた。ハウスラッピングとは、光で家を包み込むように装飾するイルミネーションの新しい呼称として当社で商標を登録した。一年を通して光り輝く『アヴスウェ』と同じように視覚に訴えるイルミネーション装飾の癒やしの効果は、新しい需要創造と相まって全国各地に広まり、個性ある装飾として注目を集めている。

イルミネーションを飾ってみたいけれど、まず何を買ったらいいのか、そして、どのように装飾したらいいのか分からないというお客様にイメージを聞き、デザイン、施工、そして撤去まで全ての作業を請け負い誰もが気軽に入門できるようお手伝いしたい。

株式会社シモジマ様や東芝テック株式会社様等の上場会社にも評価をいただいて、全国のお客様を対象に、ハウスラッピングを展開している。街を明るく元気にするこの事業はアイキャッチ効果とクチコミにより、認知度も注目度もアップしたと評判は上々である。

また、個人のお客様以外にもホテルや結婚式場、商業施設などの集客・売上アップにハウスラッピングを取り入れる店舗や企業が増えている。

JR東海名古屋駅の壁面電飾では130万球のLEDが使われ、JR九州博多駅では100万球が鮮やかに輝き、人々の癒やしの場となった。

六、浜名湖花博「LED花芽誘導装置」展示

超高輝度LEDペンライトやイルミネーション等のアミューズメント、エンターテイメント分野で、商品を次々と開発し世に送り出す一方で、動植物育成分野でのLEDを利用した光源の開発や実験を繰り返していた。藤安洋教授の指導の下、真珠貝の大量死の改善効果を期待したアコヤ貝への育成照射実験・魚を集める集魚灯実験・マツタケ菌を増殖させる実験・

家畜をより太らせる照射実験等、青森から広島、四国の宇和島まで全国各地を巡りＬＥＤの利用価値を模索していた。中でも、地元野菜に注目したイチゴやトマトへの育成照射実験には確かな手応えを感じていた。

植物は太陽光を利用し光合成をして成長しているため、光は欠かせない。やまと興業では早くから太陽光に代わるＬＥＤ光源の研究開発をしていた。光の質や強さに着眼し、光合成に最も有効な光を研究した。そこで赤色と青色の光が強く反応することを突き止めた。ＬＥＤは単波長で発光するため、植物に必要な赤色と青色の波長のみを取り出し、余分なエネルギーを使わず、省電力で照射することができる。また発熱の少ないＬＥＤは植物に熱による影響を与えにくい。ＬＥＤは植物を育成するのに最もふさわしい光源であることを証明する実験を続けた。

この光で地元の農業に貢献できないか？何をターゲットにすればよいか？模索している頃篤農家の大杉実氏と出会った。

静岡県の西部地区を全国でも有数なチンゲン菜の産地化に成功させた大杉さんから大変興味深い話を聞いた。

「日本ではチンゲン菜の葉を食べているが、実は本場の中国では花芽や茎を食べており、葉は捨てている。そして最も美味しいのは芽吹き頃の花芽や茎だ。」

日本では花芽や花が咲くと、Ｂ級品として廃棄している。私たちは美味しい個所を捨てていたのだ。実際花芽を食べてみるとその味に納得。栄養価も高くとても美味しい食材だった。しかし美味しい花芽は春にしか収穫することができない。そこで大杉さんと連携し、花芽が一年を通して栽培・供給できるシステムを確立させることにした。

チンゲン菜はアブラナ科の植物で、冬を越して春に花を咲かせる。大杉さんはその性質に着眼し、季節の変化点つまり、温度と日照時間を調節すれば、バーナリゼイション（春化）をコントロールできると考えた。栽培実験を繰り返すことで、花芽の性質に変化する最適な光と温度の環境条件を求め、大杉さんのノウハウとやまと興業の光の技術力を結集し、世界初の「ＬＥＤ花芽誘導装置」が完成した。

04年4月に国際園芸博覧会、浜名湖花博が開催され、やまと興業で開発したチンゲン菜の花芽誘導装置が展示会場に華々しく登場した。最先端のＬＥＤを活用した栽培技術と珍しいチンゲン菜の花芽に対し、ＮＨＫテレビで毎日放送される「浜名湖花博だより」のカバーに採用

浜名湖花博に展示

された全国に放送された。チンゲン菜の花芽の試食会をすれば、どこで花芽を購入できるのかと、多くの問い合わせ関心が寄せられた。

各方面からの評価、そして支援によりチンゲン菜の花芽の市場展開や花芽誘導装置の製造販売に事業を展開していくことになる。

七、「農商工連携88選」経済産業省から認定

浜名湖花博でのＬＥＤ花芽誘導装置の展示は大盛況であった。美味しいチンゲン菜の花芽は「チンツァイファー」という名で商標登録を取得した。来場者の評価そして大杉さんをはじめ多くの関係者の協力もあり、ＬＥＤ花芽誘導装置の事業を進めることになる。

前項でも記述したが、日本では花芽を食べる食文化はほとんどない。春の時期に菜の花のおひたしを食べる程度だ。先ずはチンツァイファーの美味しさと存在を知っていただく必要がある。同時にチンツァイファーの生産者も見つけなければならない。花芽誘導装置の製造と販売もある。需要と供給のバランスを考え装置の展開を図る。工業主体で事業をしてきたやまと興業にとっては、課題が多い。

ちょうどその頃、経済産業省で「異分野連携新事業分野開拓計画」という支援事業の公募があった。異分野の企業が連携することで、互いに保有していない技術や販路を活用しなが

ら新規の事業に対して、支援する制度だ。

応募した結果、多数の応募者の中から採択されこのチャンスをつかんだ。関東農政局と関東経済産業局と2つの政局から認可を受けるほど、事業の展開に期待があった。農業生産高全国2位の浜松市を支える農業従事者と組んだ連携であった。

ここで、連携先として組んだ企業や農家さんを紹介する。

○冷房装置開発会社　つぼい工業株式会社
○花芽の生産者　磐田市・大杉さん、澤田さん、寺田さん　浜松市・森島農園
　大村さん　他多数の農家さん合計10農家
○花芽の販売会社　株式会社浜中、有限会社鈴木農園
○支援機関　静岡大学農学部応用生物学科　渡辺教授、株式会社マキ製作所

多数の連携先と事業を進めていく中で、農業に関する多くのことを学んだ。野菜の生産方法、鮮度、流通価格や販売方法、客層等、出荷のタイミングを考慮した出荷の生育期間の調

藤安教授と大杉さんのハウス

整は特に苦労した。オートバイ部品や玩具を生産する感覚とは違う。

連携先の協力もあり、チンツァイファーの普及面では、有名中華料理店（横浜耀盛號、新世界菜館）地元飲食店（ローラン、さわやか、名鉄ホテル鳳凰、西部イオン4店舗）で採用された。普及活動をしている中で特にうれしかったのは、料理の鉄人の陳さんに紹介している最中に、その場で陳さんがボリボリと食べ始め「生でも美味しい野菜ですね」と絶賛していただいたことだ。その後しばらくは、陳さんの料理講演では、チンツァイファーが使われた。装置の普及では、遠州中央農協様に2台装置を購入していただいた。チンツァイファーを磐生福立菜（バンセイフクタチナ）とより地域性と縁起が良さそうなイメージに改名し、農協のブランド中国野菜として販売をしている。

当時は6次産業という言葉すら浸透していなかった時代に、どこよりも先駆けて、異業種事業を進め実績を残した。本業の自動車部品の生産に加えて、農業分野での実績が評価され、左記の名誉ある企業に選定された。

○06年3月

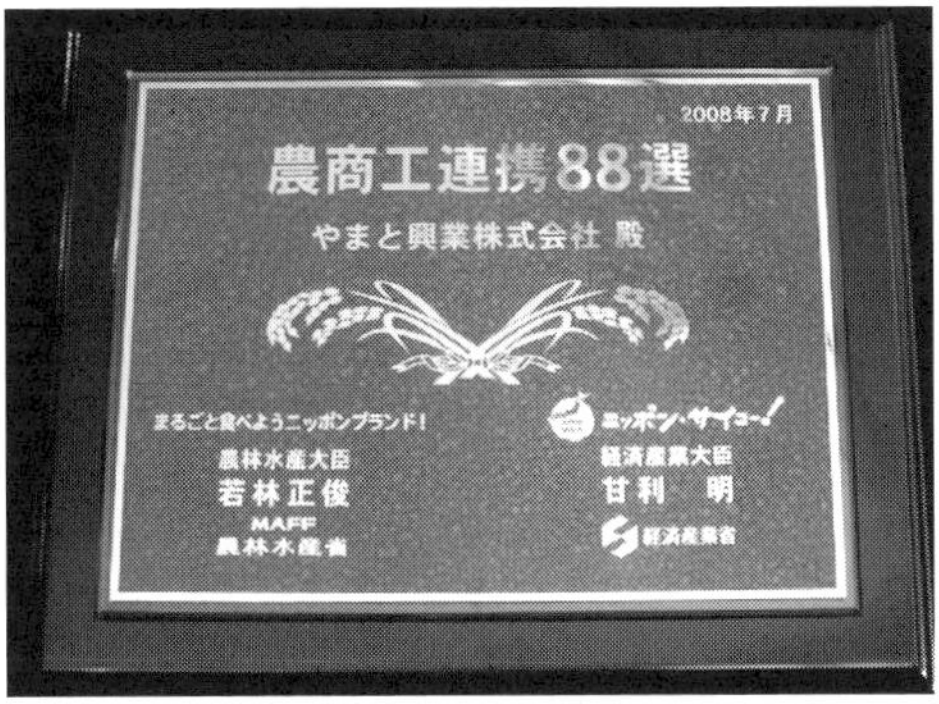

農商工連携 88 選に認定される

「元気なモノづくり中小企業300社」選定　経済産業省中小企業庁
○08年3月
「農商工連携88選」選定　経済産業省
異業種交流や連携を通じて農業分野への光の可能性を模索し、後にLED植物育成ロープライト、防蛾《ぼうが》ライト、アングリラと商品化が続くことになる。

八、経済産業省の低炭素事業採択・LED製品製造設備導入

LEDを活用する事業を始めて約15年が経過していた。当初はペンライトやイルミネーションの生産は、「社内でモノづくりを進めていく」を基本とし、お客様の要求する価格や品質に応えてきた。その後、お客様のコスト優先の方針が示されてきたため、生産の拠点は中国の海外工場にシフトせざるを得ず、ほとんどの商品の生産拠点は中国に移管した。日本で企画して商品化は中国で行うOEM方式は生産技術、生産方式を含め私どもの技術流出となっていた。しかも中国へのOEM生産でのコスト競争力に陰りが見え、昨今の不安定な中国事情もあり、このまま中国の生産に頼っていくにはリスクが大きいと感じた。そこで、社内でのモノづくり精神を思い出し、純国産のLED照明ライトの商品開発・生産に挑戦することにした。

リーマン・ショック後の日本では、経済産業省管轄で、将来大きな成長と雇用創出が期待できる環境関連技術分野に対して、設備投資の支援策が実施された。正式名称は「低炭素型雇用創出事業」である。当然のことながらＬＥＤ関連事業も環境事業の一つとして、対象事業であった。純国産のハイパワーＬＥＤ植物育成用ライト、ＬＥＤ間接照明ライト、フレキシブルイルミネーションライト等の製造計画が10年認可された。最新鋭のＬＥＤ製品製造設備を導入することができた。

ＬＥＤ実装ラインでは、最新の設備でＬＥＤや部品の実装ができるようになった。外観検査機を導入することにより、安定した品質を保証することができる。組立ラインではオリジナルの基板連結機とコーティングラインを導入した。通常手作業で行う基板連結も設備を使用することにより、高速で正確に基板の連結ができる。また、ＬＥＤ検査機により、ＬＥＤをより詳細な仕様で分類することができ、他社製品との差別化が図れる。コーティングラインでは、独自で開発した技術を機械化することにより、完璧な防水機構を構築した。

チップＬＥＤ実装ライン

設備を導入することで、まだまだ小規模ではあるが、車のオプションパーツや店舗の陳列棚用の照明ライト、博物館の間接照明ライト等の照明分野へ事業を広げることができた。今後は完全工場型植物工場や日照時間日本一の浜松型植物工場(温室型)、車両用純正パーツ、全国の店舗照明等の分野に商品を展開し、さらなる事業の拡大に努めていく。

テクノポリス工業団地（都田）へ進出・拡大期に貢献

一、センサー事業を継承

04年4月、ソミック石川様から自社で開発・量産を手掛けていたセンサー事業を引き継ぐこととなった。候補企業の中でやまと興業が選ばれた理由は、㈠10社余りの客先の口座を持っていること、㈡ISO9001、14001を取得していること、㈢経営が安定していることであった。納入先はヤマハ発動機、スズキ、富士重工業、日信工業等大手メーカが多かった。センサーの種類はバイメタルを使用した温度センサーからフロートを使用した液面センサーと幅広く、二輪車、船外機、発電機、トラック等さまざまな部位に搭載される商品であり当社にとっては魅力的な事業であった。

しかしやまと興業にとっては未知の分野で一から指導を受けるため、ソミック石川様に研修に行き、技術伝承をしていただ

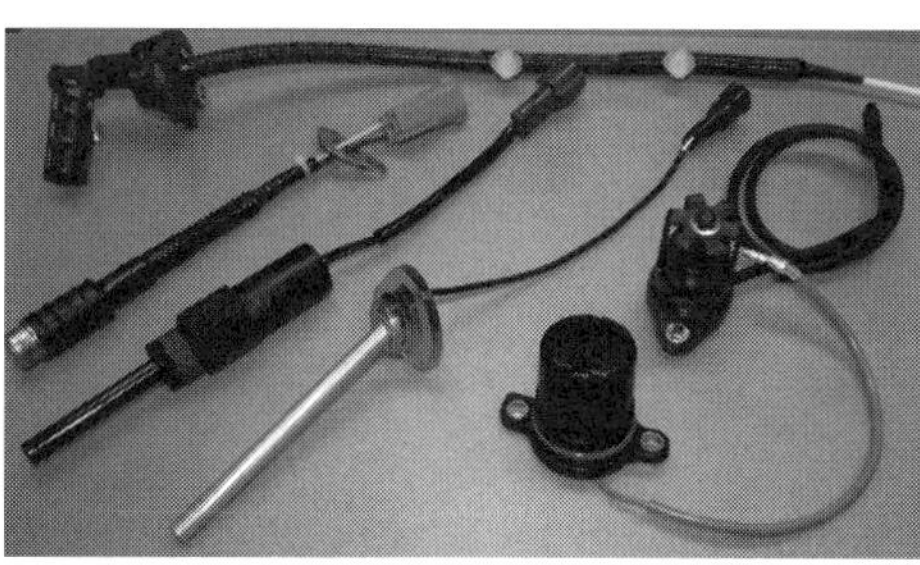

二輪、四輪、汎用機向けの各種センサー

いた。04年10月にはお客様への納入を開始することができた。ソミック石川様で開発された技術の伝承を通じて新しい関係を続けさせてもらっている。

センサー事業が軌道に乗り始めた09年3月にはセンサー課という職場を新設しさらに力を注いだ。その頃には富士重工業殿の四輪車向けセンサーの受注にも成功し拡販できたが、メイン車種への搭載はセンサー事業の将来性を示唆することとなった。

センサー事業のさらなる拡販を目指し、新規開拓、新規開発を専任体制を取って推し進めている。東京モーターショーでのデモ機の展示を始め、さまざまな場面で営業活動を展開しここでもメーカの開発担当者との「ピンポン対応」を常に意識させるように指導している。現在はさまざまなお客様から問い合わせをいただいている。

二、新工場建設・エアコンパイプ事業集結

やまと興業では70年代からスズキ向けにカーエアコン用パイプを納入していたが、軽貨物用エアコンパイプが主要機種であり軽乗用エアコンパイプの受注はそれまでほとんどなかった。しかし07年、永年の実績が認められて主力車種のワゴンR用エアコンパイプの受注が決定した。

ワゴンRはスズキの最重要販売車種であり、それに搭載されるエアコンパイプの月の生産

量は立ち上げ当初が2万台、その後搭載車種が増えて月3万台になる予定であった。当時エアコンパイプは小松工場で生産を行っていたが工場が手狭でワゴンR用エアコンパイプを生産するスペースの確保が難しかった。そこで都田工場敷地内にアルミパイプ加工の新工場を建設し、そこに新たなラインを作って生産することにした。

新工場は07年10月起工、翌年4月竣工で鉄骨2階建て総床面積2090㎡、空調設備を完備して作業環境を整えた。この2階にワゴンR用エアコンパイプを生産するため新たな設備としてアルミコイル材直管切断機、アルミパイプ端末加工機、アルミパイプボス成形機、アルミ用高周波ロウ付け機、アルミパイプ曲げロボットベンダーなどを導入し、一ヶ流しラインを3ライン新設した。しかし革新的生産方式に加えて、新設計で導入した機械が設計性能通り動かず、良品率が極度に低下してしまった。初めて体験する自動車メーカー主力機種で、かつ大量生産の部品ということもあり立ち上がり当初は納期、品質面で思ってもみない混乱をしたが、新導入設備の改良、新たな構想でのライン再編など全社一丸となった支援体制により混乱を乗り越えることができた。また、後の業務改革プロジェクト（GKP）となる改善チームが支援に入りさまざまな改善を行ったことで、当初1本あたり75秒というラインのサイクルタイムが45秒まで縮まり大幅な生産性向上を実現した。この経験により、コスト競争力が向上し、その後スズキ向けのエアコンパイプの大量受注につなげることができた。

以来、パイプ3課として小松工場と都田新工場の2カ所でエアコンパイプの生産を行っていたが、物流面でのさらなる改善を目指し10年小松工場のエアコンパイプ生産を都田新工場に集約することにした。移転は10年のゴールデンウィーク期間中に行われ、小松工場パイプ3課の19名が都田工場パイプ3課に合流したことにより総勢34名の新パイプ3課が発足した。それまでは小松工場で4万本／月、都田新工場で3万本／月の生産を行っていたものが、合計7万本／月の生産となった。その後12年からはスズキ向けの自動車全機種にやまと興業のエアコンパイプが搭載されるようなり生産本数も9万本／月と順調に生産数を伸ばしていった。

自動車用エアコンパイプは熱交換性、リサイクル性が要求されるため材質にアルミが採用されている。アルミはその軽量という特性により、燃費向上に心血を注いでいる自動車メーカーから最も注目されている素材である。パイプ3課では早くからアルミパイプの端末加工、ベンダー曲げ等の塑性加工、ロウ付けをはじめとした接合技術を向上させ、固有技術としての評価を受けている。自動車用エアコンパイプだけでなく二輪車用ラジエーターパイプ、エンジンオイルパイプ、ガソリンタンク用部品等、アルミという素材がさまざまな部品での採用が期待されている。

三、フィリピン実習生の受入事業

得意先から仕事量が次第に回復し、大きく景気が変動する中で雇用を守り、得意先の需要に応えるという相反する労務政策が求められていた。事業拡大期はブラジルからの人材派遣社員で需要をまかない100名程を雇用していたがリーマン・ショックでほぼ全員契約を打ち切った。それでも社員の雇用を守るのに苦労していたが次第に景気が回復し、中途採用を行っても有能な若年作業者の確保が難しい状況となっていった。再度ブラジルからの派遣社員で補うも定着率が悪く有能な人材が少なくなり、在籍期間が分からないなど、教育計画を立てるのが難しかった。しかもコストは年々上昇し割高な労務コストになっていった。そこで海外研修生制度に目を向けて浜北機械金属工業協同組合を受け入れ機関として海外研修生受け入れ事業をスタートさせた。

先駆けて実施している研修センターから制度を学び、フィリピンのセブの送り出し機関に登録をすることになった。この制度の研修生は3年間日本で実習を行い、新鋭機械の技術や品質管理、生産管理の手法を学び、実習修了書を得られる。

労務担当者はフィリピンに出向き面接を行い、合格者に対して入国まで受け入れ機関で日本語研修を行ってもらう。日本入国後、さらに1カ月の日本語や日本の生活習慣を学ぶ。この研修は学校法人オイスカ開発教育専門学校が全面的な協力をしてくれている。その後、やまと興業で実習生として3年間実習を終えて送り出し企業に復帰する。そのような流れで海外研修生の受け入れをスタートさせた。

スタート時の面接は鈴木正保常務（当時）が担当、二代目は佐々木純司取締役（当時）、三代目は土戸淳也総務課係長が行い、事前に選抜された20から30代の男性を中心に明るさ、受け答えの良さなど日本に来て、日本人の仲間と一緒に仕事ができる者を採用した。毎回10人程度の応募に対して50人近くの応募があり、面接する一人ひとりが日本で働きたいと意欲や熱意がある者が多数面接に来た。合格者は「神に感謝する」と満面の喜びを表してくれる。

フィリピン実習生修了式

やまと興業としても受け入れに当たり、住環境を整え、食事のできる器具を準備し、地域に挨拶回りをして、また日本で暮らすための教育、会社でのルールの指導を行った。

受け入れをする職場でも実習生ごとに生活指導員を設けて技術指導は無論のこと、仕事以外の面でも日本の生活に困らないように配慮している。バーベキューやスキー旅行、東京ディズニーランド、誕生パーティーなどの機会を通じて互いの食文化や伝統芸能を理解し合うよういろいろな仕掛けをしている。またフィリピン実習生からパーティーなどで手作り料理でのおもてなしを受けることも少なくない。

フィリピン実習生には技能検定試験を受けさせ、資格を取らせ、日本語検定への挑戦や日本語スピーチコンテストへの参加を奨励している。修了式には私に対し「社長プレゼン」を流暢な日本語で感謝の気持ちを伝えてくれる。

3年間頑張って帰国した実習生から、貯めたお金で家を建てたり、子供を大学に行かせることができたと喜びの連絡を受けている。

四、超硬合金ドリルと健康緑茶事業

浜松テクノポリスの中心地都田地域の工業団地は全国有数の優良企業が活躍している。かつて当社も進出を検討したが選考で落とされ残念な思いをしていた。

ところが、05年6月、後継者が居ないということで日本セラテック株式会社より工場土地建屋を取得し超硬合金ドリルと健康緑茶事業を引き継ぐことになった。3カ月間を準備期間として、工場内の整理をし、当社のパイプ事業の生産職場も移転して9月より生産を開始した。

まず超硬合金のタングステンなどの素材の配合技術を生かし超硬ドリル事業に特化することにした。生産開始まで6カ月の空白期間があったが、精度の高いカスタムドリルの技術が評価されて、大手工具メーカーや地元のユーザーに採用された。

新分野として目標にした「超硬金型」製造は、新規に導入した加工機械も充実させ、まずは、社内の治具・金型の超硬化を推進し、外販に向けてのノウハウを蓄積している。

これからは原料の粉末金属の組成による新合金の生成や、用途を考えた、差別化した超硬工具を作り出すと共に、新規ユーザーの開拓が求められている。技術を売り物に新しい事業として育てていきたい。

健康緑茶事業は、超硬粉末混合工程の技術を応用して、超微粒子の粉体を作ることに挑戦していた。このお茶の粉末は飲用すると有効成分が身体に吸収されて、新しい健康飲料として評価されていた。私も藤安洋教授から紹介されて飲用していたが事業を引き継ぐに当たり、さらに研究をすすめ、200ナノメートルの超微粒子に粉砕することに成功した。微粉末茶は加工熱と酸素との結合で変色・変質が起こるので製法は「低温・無酸素」の装置内で行い、難題を解決した。温かいお湯だけでなく冷水にも簡単にサーッと溶けることも評価され、国の農研機構の三輪理事長（当時）からも市販をすすめられた。「スーパーミクロン粉末緑茶」として売り出した。おいしく、水色（お茶を淹《い》れた時の色）も素晴らしい緑色で評価も良く、

スーパーミクロン製法による超微粒子粉末緑茶

新しい緑茶飲料として認められた。

続いて、三輪理事長のすすめで「べにふうき」という新しいお茶の樹種が開発され、花粉症に効果が認められるので、このお茶を粉末にしたらどんな味になるか確認したいと。秋番茶を牧之原の野菜・茶業試験所の山本万里先生から入手して、早速粉末にして届けたところ、味よし、香りよしと絶賛されてこれも商品化を勧められた。こうして花粉症で苦しむ方々の救世主として当社の主力商品が誕生した。静岡県はお茶の日本一の生産地でお茶の効用の研究が進んでいて、当社の粉末緑茶から活性酸素を吸収する酵素（ＯＲＡＣ）が大量に抽出されたことで、超微細粉末に加工することで得られる素晴らしい効能が話題となった。ＮＨＫの「ためしてガッテン」の番組で有名になった「深蒸し茶で長寿日本一」の成分が当社の「スーパーミクロン粉末緑茶」「べにふうき粉末緑茶」に大量に含まれている。

べにふうきの粉末を練り込んだ「べにふうきマスク」も開発した。

０８年、商品名「かみかみべにふうき」可食性ガムで、農商工連携事業の認定を受け、やまと興業が主体事業所となり明治薬品㈱（富山）・㈲ネクト（静岡）が協力して商品化した。静岡県立大学で口臭予防、日本医科歯科大学で歯周病予防に効果があることが確認され、花粉症にも効果があるので重用されている。

このᅵ「べにふうき粉末」は非常に機能性のある食品なので、今この粉末を使った「オーラック緑茶べにふうきゼリー」パウチタイプの商品化をすすめている。この事業はネット通販での取り組みが重要であり、ＬＥＤ商品を販売している商品開発課の協力を得て、全国の新しい顧客の開拓をすすめていく。

お茶の他に地場3品の「みかんの皮」「いちごの果肉」で粉末作りを提案して商品化にこぎつけた。「みかん」では、ＪＡ三ケ日で生産している「みかんのビン詰め」の加工で出る特産青島みかんの皮を減圧乾燥機で乾燥させ、各サイズの粉末を作り、この素材を地元の業者に提供している。市販された商品を紹介すると浜松市内のケーキ店「モンターニュ」では「浜名湖リモーネ」、三ケ日町のケーキ店「パティシエみつわ」は、数種類のみかんを使った菓子「みかん最中」「三ケ日みかんケーキ」他クッキーやカステラ、ロールケーキなど多数商品化している。また、ガリバーフーズでは、みかん味の子供向けのドレッシング、おみやげ商品開発の「敷島屋」では、「みかんポテトチップス」「みかんチョコ大福」新たに「みかんキャラメル」を開発した。

「いちご」は、ジャム用の完熟紅ほっぺを粉末にし商品化した。ガリバーフーズはいちご味の子供向けドレッシング、浜北の大城製菓の「いちご饅頭」、まるたやの「いちごケーキ」、その他数社、当社の素材を使って開発中である。今後は地元の農家の付加価値を高める素材を開発していく。

創業者小杉弘生誕100年の集い（創業の原点を見つめ新たなスタート）

08年1月、私は創業者、私の父小杉弘が生まれて100年になることに気付いた。ここ数年事業は好調で右肩上りの売り上げが確保できていて、オートバイの生産も国内では1000ｃｃを超える大型車がアメリカやヨーロッパの先進国によく売れていた。私ども部品メーカーもその恩恵に預っていた。特に4サイクルの大型オートバイには、高性能エンジンが搭載され、各社は性能を競っていた。高回転・高馬力エンジンにとって潤滑油をエンジンの隅々まで送るオイルパイプや高出力エンジンの高熱を冷却する水パイプ、排気ガスを浄化するための再燃焼リサイクルパイプ、燃料パイプなど1台当り10点を超えるパイプ部品が使用されていた。この分野を担当する当社は、社内で開発したパイプ加工機を使い、難しい部品の開発を続けて、信頼されていた。おかげで仕事量は順調に確保されていた。

ケーブル部門は海外での生産をいよいよ拡大させる機運が高まり、中国南方拉索の生産基地に加えて、ＡＳＥＡＮへの進出を模索して、はやる気持が芽生えていた。

ＬＥＤを活用した事業も成長し、エンターテイメント分野で世に先駆けて新商品の開発、提供を続けており第三の事業の柱になろうとしていて意気盛んであった。

私はこの100年という節目を「この会社で幸せをつかもう」としている社員を結束し、次への成長のステップにしようと考えた。そこで、若い社員を主役としたやまと興業の力をこれまで育ててくださった関係の皆様に披露しようと「創業者生誕100年の集い」を計画した。

私は紋付袴《もんつきはかま》、役員幹部は黒服の正装でそして来賓はステージ上でドライアイスのフラッシュの中から登場していただいた。会場となった浜松グランドホテルの鳳の大広間は、やまと興業のＬＥＤの製品でこれでもかときらびやかに飾られた。500名の出席者には、やまと興業を育ててくれたＯＢ各氏、創業者小杉弘のゆかりの親戚や子供たち、そして我が子のような全社員がテーブル席に着席して会を盛り上げてくれた。創業者を慕い、浜松の芸妓も花を沿えてくれて、それは盛会となった。

100周年の集い集合写真

　ところで最も大切なメイン講師は横浜から招いた経営コンサルタントの山崎きよし先生で「伸びる会社はここが違う」という演題で参加者の大絶賛を浴びる、すばらしい講演をしてくださった。山崎先生はこの講演の中で後藤静香先生の２つの詩を紹介してくださった。詩集「権威」（善

山崎きよし先生

本社）の中から1つは、「本気」、もう一つは、「第一歩」でこの詩の影響を受けて発奮した岩崎恭子女史、松坂大輔氏の感動的な事例のお話に加えて、後藤静香の人間的魅力を紹介された。会場に掲示した墨書は静岡県書道連盟会長（当時）大谷青嵐先生による掛け軸で詩の内容を見事に表現した力作で評判となった。来賓で出席された静岡県西遠女子学園の岡本肇理事長は大谷先生に頼んで立派な額装を学園に飾った。大谷先生は生徒たちへとこれを寄贈された。温かいつながりがここでも誕生した。私は以後、山崎きよし先生の信奉者の一人として、先生の言動の一字一句を汲《く》みとり経営に生かしている。この先生を紹介してくれた静岡銀行支店長だった河合靖氏とは刎頸《ふんけい》の友となった。

おかげでこの生誕100年の集いは今でも語り草となっていて、社

「本気」

員にとってもその後の思ってもいなかったリーマン・ショックを乗り切ってしまった原動力の一つとなった。

来賓招待者名簿

・鈴木康友様（浜松市長）
・山崎きよし様（経済活性化研究所社長）
・藤安洋様（静岡大学工学部名誉教授）
・中村保様（静岡大学工学部教授）
・杉山雅浩様（静岡産業大学准教授）
・大津善敬様（静岡銀行西部カンパニー長）
・西岡武男様（中小企業金融公庫支店長）
・御室健一郎様（浜松信用金庫理事長）
・高木昭三様（磐田信用金庫理事長）
・岡本肇様（静岡県西遠女子学園理事長）
・内田重男様（浜松職業能力開発短期大学校校長）
・杉山孝男様（名古屋大原学園理事長）
・大谷青嵐様（書家）
・柴田義文様（三遠南信バイタライゼーション浜松支部長）
・塩田進様（はままつ創造センター・センター長）
・墨岡宏様・墨岡宏人様（クライアントサービス税理士）
・白柳伊佐雄（白柳伊佐雄事務所技術士）
・伊熊莞二様（イクマテクノセンター社長）

間接部門

生産技術部

営業部

工機部

総務部

品質管理部

100年の集いで発表した各部門の将来ビジョン　2014年（創業70年）のやまと

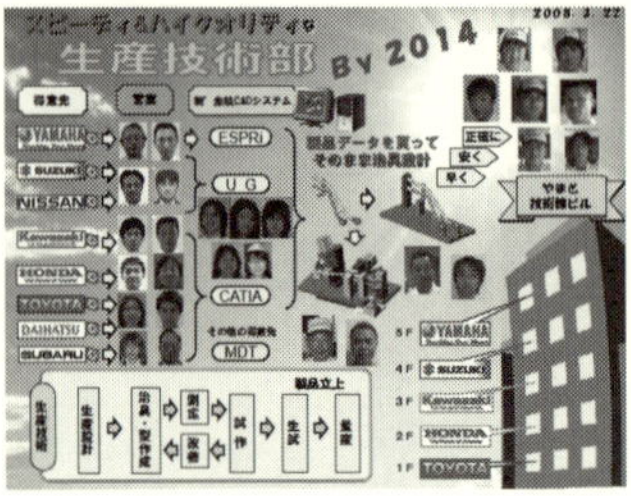

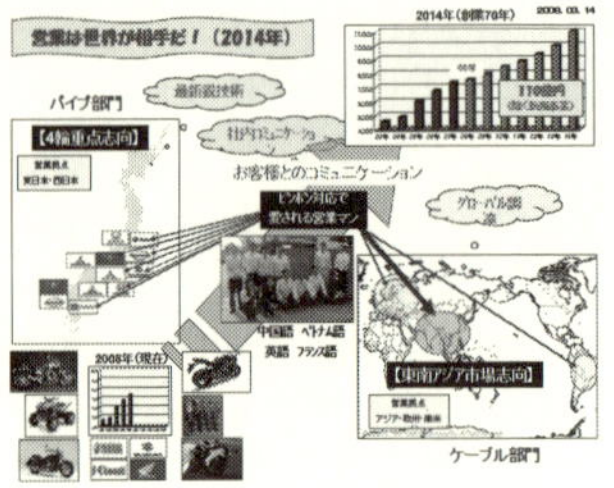

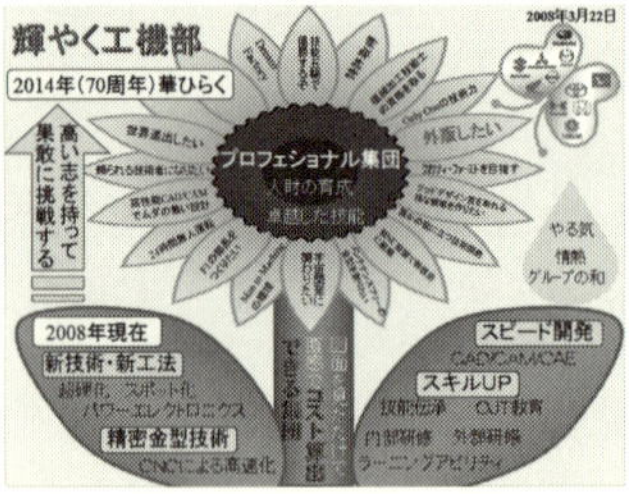

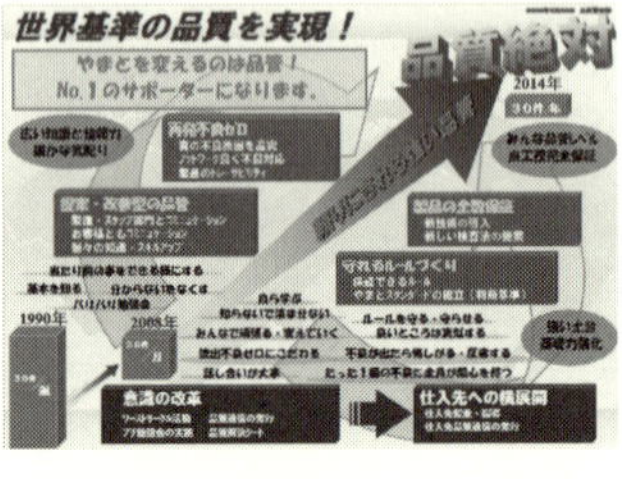

製造部門

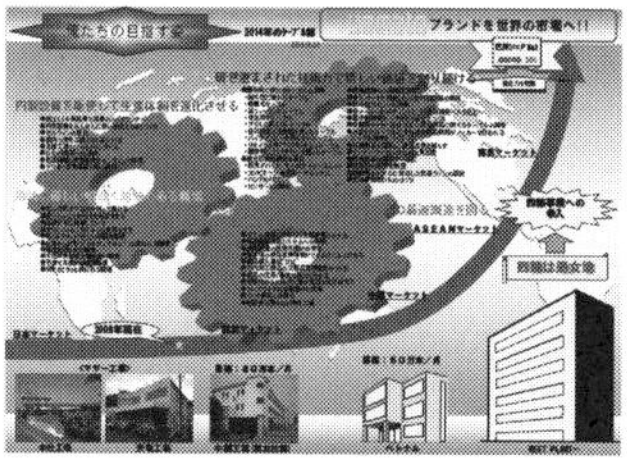

ケーブル部

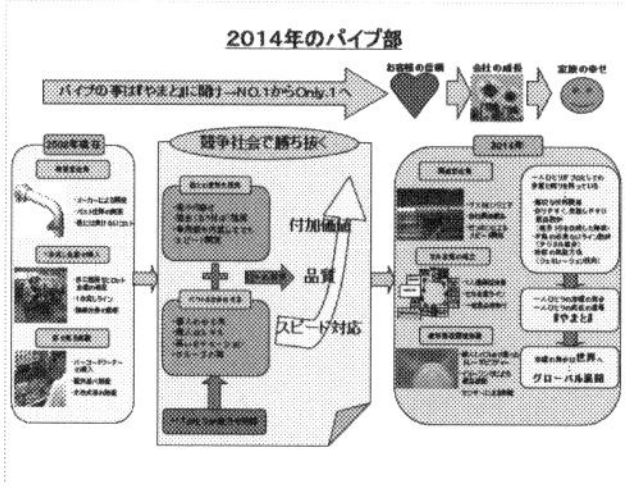

パイプ部

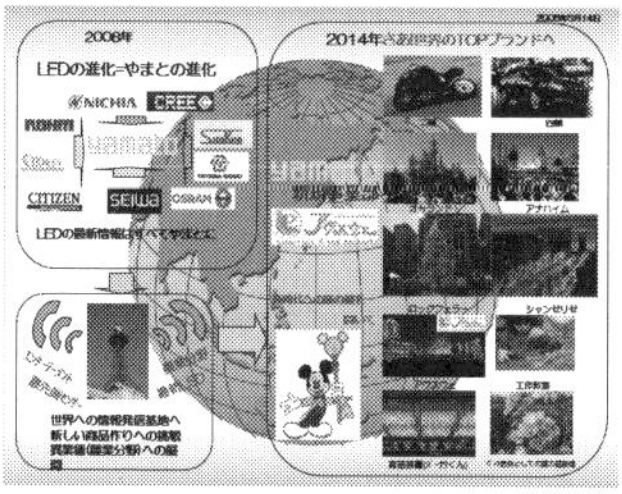

新規事業部

アイビーエックス部

リーマン・ショックの教訓

09年10月、会社経営をしていて「こんな事態がほんとうに起こるのかと信じられないことが起こった。アメリカの一金融機関が起こした不祥事がアッという間に世界経済を混乱させた。日本国内では、比較的安定していた日本経済が裏目となり超円高に向かった。110円／$だったものが80円／$を切ってしまい、円高定着となった。

これでは輸出で生計を立てていた日本経済もひとたまりもなく、不況のドン底に突き落とされてしまった。オートバイ産業も円高と欧米の不況で全く売れない影響をまともに受けていた。あれだけ競争力のあったTVなどの家電製品もウォン安になった韓国にことごとくやられていた。自動車までもが輸出できなくなっていた。ヨーロッパでは破綻《はたん》が心配される国も出てきて、混迷を深めていた。真《まさ》に世界同時不況となった。

しかし、この状況を放っておくわけにはむろんいかず、やまと興業の社長として、渾身《こんしん》の力を振り絞って、社員の協力の下、諸政策を実施した。

一、超不況による緊急対策の実施（09年2月より実施）

①休業日の設定（1カ月に4日）

②残業禁止

③派遣社員・パート社員の契約満了者の打ち切り

④製造経費・販売経費の圧縮

⑤正社員の評価Dクラス者（2年以上継続）の退職勧告

⑥役員の給与減額（半減）09／04・09／10

⑦賞与減額（30％〜50％）09／07・09／12

⑧役員賞与減額（80％減）09／12

⑨中小企業緊急雇用安定助成金申請

⑩社員研修会で社長講話（60分）

「心構え、心のあり方が企業の日本の未来を左右する」

「心を以って人を育み、次代を切り拓《ひら》く」

「何が何でも勝ち残る会社にしてみせるぞ」

「この会社で幸せをつかもう」

「有事の心掛け、日常の心掛け」

静清21世紀ビジネス塾で講演

二、ＧＫＰ（業務改革プロジェクト室）の発足

リーマン・ショックで仕事量が半減していた。仕事がなくて何をしようか、させようか500名余りの従業員の内100名余りは人材派遣会社からの社員で契約満了に合わせ帰国していった。しかし、それでも社員の仕事の確保は難しく、緊急雇用調整金の支給を受けて休業した。1週間に4日働いて3日休みをとって雇用は守った。厳しい経営環境になったが休業補償を貰って社員研修会を開催し、私は社長としてこの難局を労使一体となって乗り切ることを懇願した。「全員で手をつないで新しい道を切り抜こう」「今、力を蓄えて成功するまで頑張ろう」と訴えた。いろいろ手も打った。考えられることは何でもした。

その一つとして「現場から人を引き上げて、改善手法を身に付けさせよう」と若手の技術者である宮城和弘次長をトヨタのＴＰＳ研修会に参加させ、その学んだ改善手法をやまと興業に持ち込んで現場改善に取り組んでもらった。現場の課長を1名引っ張り出しプロジェクトチームのリーダーに指名、間接部門から2名、現場から2名を招集し、活動はスタートした。

当時、自動車用エアコンパイプで大型受注をし、新規導入設備のトラブルもあって、立ち上げ数量確保に苦労していた。このラインに素人集団のプロジェクトチームが入り込んでＴＰＳ手法を駆使して徹底的に「カイゼン」をしていった。指導者の宮城も必死に取り組み、動作分析で寄せ技術、歩く距離を一歩縮めて0.5秒短縮、段取り改善、治工具改造、機械精度

の見直しなど面白いように次から次へと改善が進められ、一年間の改善活動で700万円／月の効果金額を捻出《ねんしゅつ》した。思ってもいなかった効果を素人集団が達成し、この成功事例は仕事量が減って意気消沈していた社内に大ニュースとして伝えられた。

「人財はまだまだ伸ばすことができる。」新たに新しい改善マンを育てる部署を作ることにした。全社から10名の人材を集めカイゼン専属の部署をたちあげ、「業務改革プロジェクト室」と命名された。通称GKP室長は取締役に昇格した宮城和弘が引き続き務める。1チーム2名か3名の編成でそれぞれのチームにカイゼンテーマを与える。目標は2倍か1／2で非常に困難で高いがここでも素人集団がそのテーマに向かって活動し3、4カ月で成果を出していく。成果発表会は「社長プレゼン」として行い、この日の発表に間に合わせるため徹夜をするチームもある。1秒、1円にこだわったカイゼンを行い、効果額はメンバーの人件費の2.5倍を稼ぎ出し続けている。

GKPはやまと興業の人財育成、人格改造の場となった。任期は平均18カ月で今現在、4期生が活動している。述べ

キックオフ　ここからGKPが始まった

在籍者は31名となった。

社長プレゼン当日、私は各チームの発表を聴き終えると感想を述べ、労をねぎらうのだが、私は喜び、うれしさの余り感情が高ぶり、声を詰まらせることが度々ある。「この社員がここまで成長するのか」、「何ということが起こったのだ」その変貌に驚き、敬意を込めたメッセージを送るのだが、その胸の熱さはいつも気持ちがよい。

彼らはテーマを受けて社長プレゼンを何度か繰り返していると、プレゼンしているメンバーの顔つきが変わってくる。現場改善の現場は元勤めていた職場もあれば、未経験の職場もあり自分が改善マンとして現場に受け入れられ、仲間と苦労しながら改善成果を上げていく。カイゼンができた喜びを感じ仲間へ感謝の言葉を述べて生き生きとプレゼンしてくる。卒業後もカイゼンを通して体験した喜びを新たな職場でその職場の仲間たちと現場マンに戻っても実践していく。20代後半でインドネシア工場立ち上げを成功させた浅野啓太君、生産管理システムの大幅な合理化を達成した平尾真司君、何名かの卒業生が集まった職場では卒業生だけでなく部署全体がカイゼンチームのような盛り上がりをみせ大幅な体質改善に成功している。普通の社員だったものがやまと興業になくてはならない人財に変わっていく。その刺激を受けた次の社員たちがまた新たな人財として成長していく。「次は俺を指名してくれ」。会社が真に変わってきた。この連鎖反応システムを創《つく》り上げてくれた全ての関係者に心から感謝したい。

三、中小企業緊急雇用安定助成金申請

08年にサブプライム問題をきっかけに発生した米国発の金融不況は後にリーマン・ショックと呼ばれる世界同時不況に発展した。日本でも円高が急激に進み日本製のオートバイは好調だったアメリカ、ヨーロッパへの輸出がストップしたため、メーカーの業績が悪化した。

やまと興業も発注の一時ストップ、繰り延べなどで仕事量は半減した。しかも3カ月経っても4カ月経っても回復せず大変な状況となっていった。製造現場では仕事がなく、遊んでいなければならない非常事態となった。その為、数カ月前まであれほど忙しかった工場が定時以降は人影がなくなり、工場に活気がなくなっていった。

今までとは違う不況のため輸出で潤っていたすべての事業が同時に不況に突入したため、今後の生産量の増加の見通しも見えず、雇用する社員の維持が難しくなった。この不況対策の為に国は中小企業緊急雇用安定助成金を幅広い分野に適用することとなった。

この中小企業緊急雇用安定助成金は仕事量が減少し事業活動の縮小を余儀なくされた中小企業事業主が雇用する労働者を一時的に休業、教育訓練または出向させた場合に係る手当もしくは賃金の一部を助成する制度である。休業中の賃金を補てんしてくれるので、労使とも

にメリットがある。

当社も協議の結果この助成を受けることになり、雇用する社員の維持ができる見込みを立てることができた。

最初は週1回の休業を行った。だが、週5日の勤務から休業日を含めて週4日の勤務になることにより社員の中で休むことが定例化していった。働く体のリズムもおかしくなって週5日仕事をする体に戻れないという不安も出てきた。

そこで月1回から2回のペースで教育訓練を行うこととなった。外部から講師を招き社員のスキルアップに対して積極的に時間を注いだ。教育内容は基本にもう一度立ち帰り、管理や品質や改善、またさまざまな手法や考え方など今後仕事をする上で参考になることを中心に行った。今後生産量が回復し、仕事が忙しくなった際にこの教育訓練によって学んだことを生かしてもらえるよう、全員が真剣にこの教育訓練に取り組んだ。

毎月計画的に継続して教育訓練を行うことによって社員一人ひとりに力がついていった。またこの有り余る時間を活用して自部署の職場を見直すことができたので生産性を上げる方策を立てたり職場の5Sが飛躍的によくなった。ほんとうに労使が一致団結して経営を考える好機ともなった。

四、輸入発電機の販売事業

11年東日本大震災のあった年の7月、中国山東省の青島近くにある国営企業「ウェイチャイパワー」を視察した。

歴史のあるバス、トラックなどの、ディーゼルエンジンメーカーで、最新工場では8,000～10,000ccの大型エンジンを毎月800台余り生産していた。このウェイチャイパワー社製のエンジンは、中国各地の自動車メーカーに供給されており、工場見学でトヨタの影を感じたので質問すると「トヨタ生産方式」の支援を受けているとのことで非常に立派な工場であった。製品展示館で私は100～10,000kWの発電機を見て、大震災で電力事情が様変わりした日本で発電機の需要は今後必ず伸びると思っていたので、思い切って「日本で私に売らせてくれないか」と申し出て1カ月後に快諾を得た。ウェイチャイパワーは発電機分野でも50年の実績があり、日本を除く、世界各国へ発電機を売っていたが品質確認のチームを作り、私が団長、白柳伊佐雄技術顧問、メンテナンスメーカーの磯部氏、担当となった英語が堪能な大石学社員そして中国語通訳として南方拉索の設備担当スタッフのスンロンシンを呼び寄せ工場視察、メンテナンス施設を見学した。その日「中国ウェイチャイパワー社の発電機を輸入販売する」決断を現地で決めた。

最初にターゲットにしたのは夏場の電力のピークカットであった。年間電気使用料金は年間通じて最も消費量の多い日が基準となって決定される仕組みになっている。夏場は空調がフル稼働するのでピークが出やすい。中部電力に恐る恐る「ピークカットの目的で自家発電機を導入したい」と問い合わせると、震災のこともあって、あっさり同意を得ることができた。むしろ夏場のピークカットは中部電力として有り難いとのお話もあり、新しい事業分野となり得る感触を深めた。そこで第1号の120 kWの発電機を発注し、やまと興業都田工場に設置、実績を確認した。1年間の実測から、結果として、年間電力費用を約100万円節約することに成功した。結果は良好で設備費は10年以内で償却できることが証明できた。中国の発電装置が格別に割安なため、輸入規制が厳しかったが関係機関のご支援で日本内燃力発電設備協会（NEGA）の認証を取ることもできた。

もう一つのターゲットである「非常用電源としての発電機」も第1号は磐田信用金庫豊田町支店に納入させていただいた。

国の支援機関である中小機構にはこの事業の初めから支援を受けて、コンサルタントの八日市屋清氏を2年間にわ

都田工場　ピークカット発電設備

たり派遣していただき何も知らない、わからない私どもの事業環境を構築いただいた。

今後はこの成功事例を基に広く世の中に普及させ、電力事情の解決にも一役買っていきたいと思う。

五、都田工場ソーラー発電と売電開始

「これより都田発電所から中部電力に送電を開始します！」

13年3月26日、都田の本工場屋根に設置した714枚のソーラーパネルがやわらかな春光を全面に受けて発電を開始した。この事業を指揮した氏原常務は発電量を表示するパネルを見入って、そして納得した。パネルの設置は発想の転換から生まれた。都田工場の夏はとても暑い。床面積2000㎡高さ6ｍの工場だが日差しで焼けた鋼板張りの屋根から放射熱が伝わる。そして工場内の最も大きい熱発生設備は口径500㎜×250㎜、全長15ｍの連続ロウ付け炉であり1200℃の高温になる。断熱材で覆われているが近づくとジリジリと熱気が伝わってくる。他にミグロボットやハンドロウ付けのトーチの炎も工場を熱している。パイプ加工を行う数多くの油圧機械群の熱交換器からの放熱も蓄積している。

「夏に屋根が焼けて熱くてたまりません。断熱塗装をお願いします。」

屋根にホースで水を撒《ま》く、寒冷紗《かんれいしゃ》で遮光とかできることはやってきたが効果はなかった。

しかし断熱塗装は数千万円のコストがかかる。それだけの金を使って塗膜の寿命は20年でしかない。それなら同じ金を使って注目されだしたソーラーパネルを設置すれば屋根を覆って焼けを防ぎ、発電した電気を売って設置費用を償却し、なおその先10年も稼ぎ続けることができる。決断は早かった。国は原子力発電に代わる新エネルギーを促進していた。資源エネルギー庁の「エネルギー白書」によれば、再生可能エネルギーを普及させるために数々の新しい支援策を発表した。太陽光発電、風力発電、バイオマスエネルギー利用、雪氷熱等温度差エネルギー利用等を、新エネルギーとした。今申請すればキロワット当たり42円で20年間の固定買い取りを受けられる。静岡県と浜松市の助成もある。

経済産業省、中部電力、県、市へ申請を済ませ、約1年を経て設置が完了した。パネルおよびパワーコンディショナーや各種電気工事一式をホンダの代理店である山本産業にお願いした。下地作りの屋根塗装が真冬でなかなか乾かない、電気の接続箱が需要ひっ迫で入手が遅れるなど、厳しい日程をこなして完成となった。この年の

設置されたソーラーパネル全景

夏、四国の四万十市で41℃の最高気温を記録した。設置されたパネルは強烈な日差しを遮ってくれると期待された工場内の暑さは例年を上回ってしまったが、社員は我慢をしてくれた。ソーラーパネルが無かったらもっと熱くなっていたことを承知してくれた。屋上に設置されたパネルは太陽の恵みを受けて、毎日粛々と発電を積み上げて、その結果、年間10万kwh、450万円を売り上げ、日本で一番日照時間の長い浜松ならではの収益を上げられた。良いことは続き、この年からグリーン投資減税により太陽光発電設置費用『即時償却100％』が適用されることになり、太陽光発電設置費用を全額損金で償却できた。

六、やまとモノづくり『原則活動』

リーマン・ショック後、オートバイ関係の仕事が激減したが、お客様の要求品質は、益々高くなり、品質が悪い会社には、仕事が来ないという状況になった。少なくなった仕事の奪い合いで、生き残るためには、優良品質メーカーを目指し、品質の改善強化が絶対条件となっていった。

当社では、ヤマハ発動機様の協友会活動を通じて、『原則活動』という品質改善活動を学び、品質の壁を破るには、この活動しかないと新しい手法を導入した、リーダーに村井康人課長を指名し、1年のテスト試行の後、12年に本格的に全社展開を行った。

この原則活動とは、今までの流出不良対策や工程内不良対策などとは考え方を変えて、品質管理担当者が、対策を考え作業者に指示を出すというやり方でなく、作業者が、自ら不良の原因を考え、守るべきルールを作り運用していくというものだった。

これまで、他人が作ったルールでは、対策がうまく運用できていかないという問題点を解決し、何より、会社理念である『全員参加の経営』に合致していて、必ず良い結果が出ると信じて、活動をスタートさせた。

原則活動の理念である、『作業者が自らルールをつくり守っていく』を実現するために、原則活動の勉強会やなぜなぜ分析の講習会などを行って全社員への教育に力を入れ、品質の意識改善も合わせて行ってきた。

また、自らルールを作る上で基本となる、やまと10原則という10個の大きなルールを定めて、今まで、曖昧だったルールを明文化し、原則標準書の作成を行った。

このやまと10原則を全社員、皆が理解し、実行できるように、毎朝、原則標準書を使って、サークルごとに原則の読み合わせを行った。今現在では、さらに原則活動が活性化するように、レベル認定などのイベントを開催して、常に、社員の品質意識向上に努めている。

この活動を取り入れた結果、非常にうまくいき12年より流出不良が激減し43％も削減され取引先様より高い評価を受けることができ、最近では、製品の値段が高くても安心して使うことのできる、やまと興業に仕事を出すと言ってくれる取引先も出てきた。

『品質は絶対』の領域に少しずつ近づいていると思う。

今後も常にトップクラスの品質を目指して全社員一丸となって品質改善活動を実施して、お客様の信用を勝ち取っていきたい。

やまと10原則

1、作業のやりきりじまい
2、作業標準書の順守
3、作業者初期管理
4、加工前後の識別
5、品揃《ぞろ》えのやり方
6、品質不安部品の処置
7、社内発見不良の処置
8、サークルミーティング
9、型、治具、測定具の点検
10、小物部品の定数管理

七、営業力強化

『売り上げこそが事業を繁栄させる全ての根幹である』

売り上げは利益や資金や賃金、仕入代金など支払い能力の源泉であり、会社に携わっている全員とその家族の幸福さえも握っているものだ。

その売り上げを順調に上げていくためには、まず全員が同じ思想と優れた技術を具えていなければなかなか成果に結び付かない。

苦労して競争に打ち勝って受注に成功し、何とか収益の出るモデルを作り上げても、その商品のライフサイクルは短く3・4年でモデルチェンジとなる。

前回競争に負けたライバルたちは次こそはと切磋琢磨、競争は益々厳しくなり、今や市場も競争相手も海外まで広がってしまった。商品もその品質も値段も性能や機能も売り方もサービスも企画も納期も社員の姿勢までも厳しく問われ、競争に勝つために磨くべき大切な要件となった。

お客様を訪問しても、ライバルと遭遇しても、商品を比較されても、値段や出来栄えを見ても相手はどこが弱いか、どこが強いか優れているか、自社はどこを強くするべきか分からなければ強力な手は打てない。競争に対する戦略や戦術は今までも一段と複雑になり高度になる。

お客様に愛され、信頼される会社にとって現場力は欠かせない。

整然と流れるような製造ライン、行き届いた清潔で気持ちのいい職場、明るく元気に伸び伸びと働く社員、その全社を挙げて新しいお客様、新しい技術開発商品、革新的な技術の提案が営業活動を支える。営業担当はもちろんのこと、全員が営業マン。逆境を跳ね返すシブトサやしたたかさを社員全員で共有したいと願う（巻末に社長の営業講話を掲載）。

関連会社の経営

一、㈱山本産業

08年2月、縁あって私の友人山本純氏が経営する会社のスポンサーとなって会社再建を請けることになった。静岡銀行がメインとなり再生委員会が設立されやまと興業から鈴木正保氏（やまと興業常務取締役）を社長として出向させた。山本産業は創業大正元年の老舗でこの地方の農家にとってはなくてはならない会社で再建に失敗は許されない状況であった。

㈱クボタの特約店として、大型トラクター、田植え機、コンバイン等の販売・修理をはじめ、育苗、水田一貫作業について農機の幅広い守備範囲をもっている。また本田技研工業㈱の代理店として家庭菜園用耕運機、非常用発電機などの汎用製品の販売を行い、主に静岡県、愛知県、神奈川県に販路を持っている。

一方、施設園芸部門はメロン栽培のガラス温室のほぼ100％を設計、施行し、アーチハウスの分野も含め、省エネ、省力化設備を提供している。地元の農家なら誰でも知っている、世話になっている企業で大勢の顧客を抱えている。しかし農業は儲らないといって若者の農業離れが続いていて、業界の先行きは決して明るいものではなかった。

ではなぜ再建の手助けをしたのかという疑問に答えねばならないと思う。まず100年続いた友人の企業を存続させて、農家にサービスを提供し続けることがある。２つ目は浜名湖花博でＬＥＤを活用した植物育成ライトを発表し、花芽誘導装置の開発を通じて、大杉さんをはじめ多くの農家と将来の農業について研究をしていたことが挙げられる。農家の後継者が担い手として農業に魅力を感じてくれる新しい農業のあり方を模索していたといっても良い。漠然とした将来像も描いていた。

㈱山本産業

今注目を集めている植物工場もその頃から研究を始めていたので浜松商工会議所の農商工連携研究会に入会して意欲のある農業関係者と勉強会を開いた時期とも重なりやまと興業の新しい事業を発展させる大きな橋頭《きょうとう》堡《ほ》になると考え決断した。おかげで3年で再建を完了したのは、鈴木社長の献身的なリーダーシップにより引き継いだ全従業員の協力もあった。朝7時には国道1号線沿いの店を開け、商品展示台を作り並べた。お客様への訪問も「ピンポン対応」を心掛け、スピード感を全面に出してみんな必死で働いてくれた。その年の年末には3階建ての倉庫の壁面をＬＥＤ

イルミネーションで華やかに飾りＮＨＫテレビで放映されて元気に生まれ変った山本産業を広く知ってもらった。目標管理制度を導入し、販売のプロや静銀ＯＢの馬塚顧問の指導を受け入れ、固定概念にとらわれない、お客様のニーズの一歩先をみた新商品の開発・販売を行い、お客様のハートを掴《つか》む努力をしていて明るいキザシが見えてきた。鈴木社長は14年7月、6年間勤めた社長を西野浩市（やまと興業管理部長）にバトンタッチした。

私たちの日常生活で、最も大切なものが食文化であり、この食文化を突き詰めていくと、最後に作り手の心に到達する。手間暇をかけて高品質な農産品を作る人、工夫を凝らして大量生産に励む農家、これらの方々がいる限り食料は確保される。また食卓やリビングを飾る花木は私たちの暮らしに趣きを与えてくれる。山本産業は人の暮らしにとって最も大切な物を生産してくれる農家、農業生産者に対してこれからも貢献し続ける企業を目指している。

二、家山電子工業㈱

12年4月、懇意だった㈱ビジネスブレーンＢＧＭの安立浄明社長から家山電子工業の事業継承を打診され、島田市家山にある工場を見せてもらった。矢崎計器の下請けで自動車、重機、戦車などに使われるメーターの部品加工をしていて、トヨタからヤザキの流れを汲む生産管理（100％カンバン方式）、品質管理が徹底していた。従業員も地元家山の方々でみんな立派な固有技術を持ち、田舎の純朴《じゅんぼく》な温かい気持をいまだに持っていた。工場は歴史のある古い建物だったが中で行われている仕事は最新のものだったので、やまと興業の管理レベル向上のお手本にしたいと思った。そして家山電子の持っている固有技術が将来の新しい事業展開に生かせる気もした。案内してくれた安立社長にこの会社のオーナーを尋ねると何と友人の鈴木通信氏（カネキチ社長）であったのでびっくりしたが、おかげで無事譲渡を受けることができた。

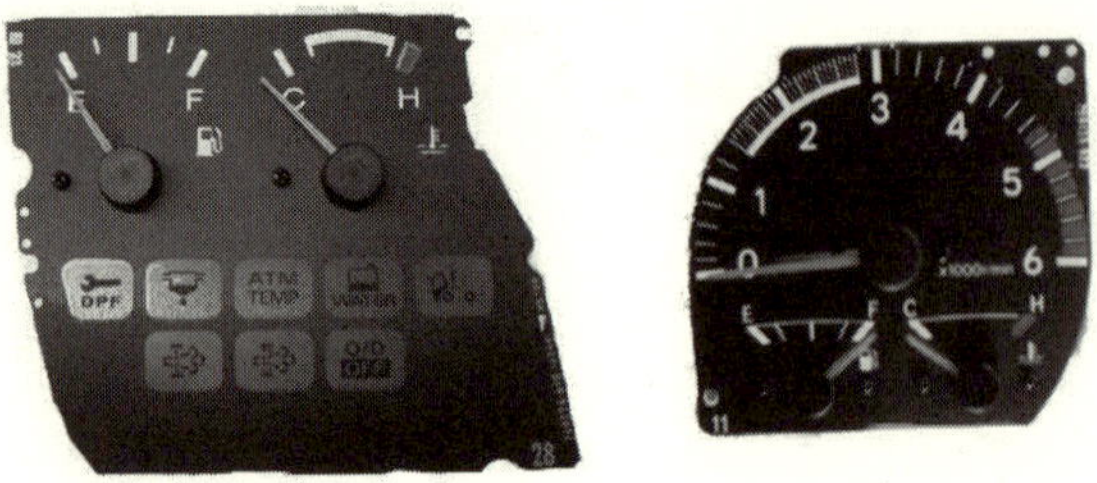

家山電子工業の製品

この会社の魅力はカンバンの運用を確かなものにするため、異常発生時には手を挙げ、「止める」「呼ぶ」「待つ」ができていた。仕事は手作業が多いが、匠《たくみ》の技が要求されるはんだ付け技能やコイル巻き、モールド、組み立て、電気検査などレベルの高い技能を持っていた。親会社の矢崎計器殿は50年前にコントロールケーブルの事業を譲渡してくれた会社で改めて「縁とは不思議なもの」と感じた。

社長には佐々木純司氏（やまと興業取締役）を指名し、35名の全従業員をそのまま引き継いで、新規の仕事も取り入れている。現状の仕事は自動車メーカーの海外展開の影響を受け、空洞化が進んでいるが、日本国内でもまだまだ新しい事業分野が開拓できる。家山電子の長所を生かし、自動車以外への産業にも「ものづくり」のウィングを広げていきたい。特に家山はおいしい川根茶の有名な産地で近年山のお茶のため収穫期が他の産地より遅いというハンディを負い苦戦している茶農家と本当に味のあるおいしいお茶を見直してもらうよう、やまと興業の粉末緑茶「スーパーミクロン健康緑茶」の素材として採用している。今後もヤブキタ茶、べにふうき茶の産地とコラボして地域貢献できればと考えている。会社のすぐ裏手を大井川鉄道のＳＬが走り、春先には満開の桜トンネルが有名で風光明美な土地柄だ。大井川の清流の鮎も絶品でここ日本の古里のような地域で仕事が進められることを幸せに思う。

最愛の家族と地域貢献活動

一、ここら辺りで親族の話に進めさせてもらうことにする。

私の父・弘　母・チヨノは共に83歳の天寿を全うしたが父の興したやまと興業が地域で認められ、大勢の従業員にも愛されていたので、晩年は幸せな生活を送ったと思う。私にとって自慢の両親であったし、父は師であり、いつも目標でもあった。母もよく父を支えやまと興業の礎を共に築いてくれた。お金の管理に抜けはなく働き者であった。戒名は「大興院弘道常栄居士」と「興徳院弘庭智照大姉」で総代を勤める臨済宗奥山方廣寺派宝珠寺（横須賀）に眠っている。

私の兄弟は先にも述べたが全員女性で長女美佐子は入手忠夫と結婚し二男一女を、次女成子は硯田昭人と結婚し一男一女を、三女京子は佐々木敏夫と結婚し二男一女、妹の房子は坪井清市と結婚し四男、五女の和代は和久田幸雄と結婚し二男一女、そして私が鈴木庸子《つねこ》を嫁にもらって一男三女と大家族である。長男である私の実家にはいつも甥や姪が遊びに来てくれ、父母が居なくなってもお正月には甥姪の連れ添い、その子供も10人15人と増えて本当に賑やかで楽しくやっている。先頃、入手と硯田が相ついで亡くなったのは淋しい限りだ。京子はもう20年も頸椎《けいつい》を痛めて夫の敏夫さんの献身的な介護に助けられている。房子の嫁入り先は「つぼい工業」の坪井清市氏で冷凍・冷暖房機、上下水道工事などを手掛け、子供4人が全員つぼい工業で活躍し、先頃長男啓隼《ひろとし》君が社長に就任した。良い会社だ。和代が嫁いだ「大和養魚」は100年を超えるウナギの養殖業者で白焼きや蒲《かば》焼きの加工を浜名湖畔《こはん》で手広くやっていて、夫の亡き後社長として頑張っている。稚魚のシラスウナギが枯渇して苦労しているが事業は長男惣介君が家業を継いで順調だ。

二．いよいよ私の家族を紹介したいと思う。私は72年11月お見合いで結婚した。妻の実家は浜松市篠原町の旧家で父権之助、母ふさ子の長女庸子《つねこ》24才、弟の均君と二人兄弟だった。権之助氏は豪放な方で千葉県の富津で山砂を採掘して成功し、息子の均君に時代の最先端ＬＳＩのシステム設計の会社「三栄ハイテックス」を起業させ事業を拡大成功させた。77才で他界したが浜松の花街に逸話を残すような愉快な人生を送った。そんなわけで私たちの結婚式は浜松芸者が接待した。華やかな宴は今も芸妓に語られる。母、ふさ子は今年87才で数少なくなった芸妓にいまだ人気があ

小杉昌弘の家族

る。

結婚後、妻庸子《つねこ》にはやまと興業の金庫番、小杉家の嫁として随分苦労をかけたが、子供は4人授った。多恵、千恵、知弘、弘恵はみんな健康で順調に成長した。しかし私は仕事、仕事とJC（青年会議所）活動で夜、家族と夕食を取ることが少なく「パパ今日もJC？」が我が家の子供たちの口癖となった。そんな環境で子育てができたのはしっかり者の妻のおかげで頭が上らない。そんな子供たちも全員やまと興業に入社して、家業に協力してくれて多恵、弘恵が結婚した。多恵の夫、冨永整《とみながせい》君（とみなが整形外科院長）には「開《かい》くん」と「藍《あい》ちゃん」が、弘恵の夫、各務道陽《かかみみちはる》君（アボットジャパン㈱勤務）には「際和子《さわこ》ちゃん」と「日《はる》ちゃん」が誕生し孫は今4人となった。いまだ結婚していない2人にも近々朗報があればと願うばかりである。

三．子供が4人の家庭は今では珍しいのでPTAの役も幼稚園から回ってきた。浜名小学校では私がPTA会長の時6年から1年まで4人子供がいたので妻は参観日には子供と眼を合わせたら次の教室へと走り回っていた。静岡県西遠女子学園は妻も私の姉妹も卒業した学園だったので岡本肇校長先生に見込まれて4年間PTA会長をやらしてもらった。娘3人がお世話になったそのご縁で学園の理事も承っている。

四．JC活動は浜松JCに5年間在籍して、78年浜北JCの創立メンバーとして移籍し、

2代目理事長を拝命「厳しい自覚　湧きでる勇気　若さで創ろう　ふれあいの郷土《さと》」をスローガンに掲げ全力投球した。日本JC、静岡ブロックへも出向してJCを謳歌《おうか》した。浜北は熱心な会員が多く、40才で卒業後もシニアクラブを機能させて、現役を支えている。JC活動は私の青春の大きな部分を占め、精神的にも仲間づくりにも大きな財産となった。

五．浜北ロータリークラブにもチャーターメンバーとして83年12月に入会した。父がライオンズクラブで活躍していたが、私にはロータリーへ入った方が良いと決めてくれた。お付き合いは広い方が良いというのが父の考え方で共感できた。52才で会長を務めた。ロータリーは父親のような年齢の方から30代の若い方も在籍しており、職業を通じて社会に貢献するボランティア団体だ。主な事業には海外支援留学生制度があるが今年度は第２６２０地区の役員を受けている。ロータリーで知りあった貴布祢の長泉寺の後藤佑芳老師には公私ともお世話になっていて、人生の師として指導を仰いでいる。

六．静岡経済同友会浜松協議会には02年はからずも浜北の企業として初めて推薦を得て入会が許された。浜松を代表する企業の経営者の集まりで大いに新しい刺激を受けたのででき る限り時間をやりくりしていろいろな事業に参加した。特に浜松が誇る「経済サミット」は官民が一堂に会するレベルの高い事業で政令市誕生にも貢献した。海外への視察旅行にも女房を連れて積極的に参加し、ベトナムやイタリアのボローニャ・フィレンツェ・ベネチアへ出掛けて、都市経営の勉強もした。14年4月には私は思いもよらなかった代表幹事に推挙され、広い視野で浜松の発展を考えるチャンスを得た。政策委員長の竹内精一氏が15年2月に「経済サミット」を開催してくれるのが楽しみである。

七．浜松商工会議所の農商工連携研究会が結成され3年目の09年から代表幹事を務めている。浜松の農業を後継者の担い手に「儲かる農業として魅力を持ってもらおう」と再構築するため工業分野と商業分野が協力して事業を展開している。安心・安全の食料確保は今や国民の最重要な要求でそれにも応えなくてはならない。浜松型植物工場温室はその目的を果たしてくれるエースと思う。ここは期待されている廉価な温室製造の山本産業、最先端のLED植物育成ライト（人工太陽）製造のやまと興業がリーダーシップを発揮して、日本で最も日照時間が長い浜松の新しい産業へ育てていきたいと思う。周囲の期待はいよいよ盛り上がってきた。それに応えねばならない。使命は重い。

あとがき

私にとって創業者小杉弘生誕100年の集いは「この会社で幸せをつかもう」と社員に言い続けて、それに応えてくれる社員を結束し、次への成長のステップにしようと考え企画した。そしてやまと興業の力をここまで育ててくださった関係の皆様に若い社員の活躍する姿を披露しようと考えた。その大切なイベントでメイン講師をお願いしたのが経営コンサルタントの山崎きよし先生であった。山崎先生を知ったのは前年の12月の静銀小松支店の静友会の講演で私は先生と波長がピッタリ合ってビリビリ電気が走っていた。感銘して一字一句聞きもらさないよう集中して話に聴き入り、こんな良いお話を私だけ聴いて済ましてはいけないと決心し、その場で「100年の集い」にお招きすることに同意いただいた。

私は山崎先生の「本気ですれば、たいていなことはできる」この言葉を張りのある声で読み上げる迫力に度肝を抜かれ、「本気ですれば、なんでも面白い」「本気でしていると、たれかが助けてくれる」と畳み掛けられた。スゴイ文章だ、スゴイ言葉だと息をのんだ。そして「人間を幸福《しあわせ》にするために、本気ではたらいているものは、みんな幸福《しあわせ》でみんなえらい」グーの音も出ず、とどめを刺された思いだった。このような衝撃的なご縁で山崎きよし先生を師と仰ぐようになり、その後のリーマン・ショックのピンチにも社員と私を激励し続けてくれた。今私は社員教育に後藤静香著「権威」「道しるべ」を導入して成果を挙げている。同時に取引先や、私のお世話になっている方々に詩集を差し上げたり、静岡県人づくり推進員として講演する場面ではいつも「本気」「第一歩」を紹介して聴講者から評価をいただき、「コピーを欲しい方は？」と問うと一勢に手が上がる。

その山崎先生から「やまと興業の先代からの経営スタイルを一冊の本にまとめ出版したらどうだ。」「きっとこれから難しくなる学卒の採用に役立つし、今勤めている社員の励みにもなるよ」と勧められ、思い悩んでいる時に善本社手塚容子社長の愛らしい笑顔にも背中を押され決断した。

多少文章を書くことには慣れていたがいざ筆を執ってみると大変なことに飛行機の中、新幹線の中まで原稿書きをする大苦行が始った。第一章の創業者小杉弘のことは父親である小杉弘と経営者としての小杉弘をどのように表現するかに腐心した。読者に分かり易く表現できていただろうか?面白く読んでいただけたろうか?父小杉弘が読んだら何と言われるだろうか?心配は尽きない。

第二章の自分のことについては、在りのままをその時代のその時に戻り素直な気持で表現した。特にやまと興業の事業展開については直面した場面場面で小杉昌弘はその時「どう考えて、どう決断したか、そしてどう実行したか」を汲みとっていただけたら嬉《うれ》しい限りだ。困難に直面すればする程、問題を難しく捉《とら》えがちだが、「どうやってシンプルに考えるか」がその時のポイントだと思う。絡《から》んだ糸をほぐす能力と対応のスピードが求められる。その時に遭遇したら私の文章から何らかのヒントを掴《つか》んでいただければ幸いである。

最後にこの本を著すに当たり、改めて山崎きよし先生が私を発掘してくれたことに感謝し、善本社の手塚容子社長には何も知らない私を励まし、スケジュール管理をビシビシやってくださったおかげで脱稿までたどり着いた。「ありがとうございます。」第一章は昭和46年に発行された「遠州機械金属工業発展史」に収録されている「人物抄伝」(倉橋穂長氏)から引用し、私が加筆した。そして私の執筆に力を貸してくれた当社の氏原史郎、片岡一行、土戸淳也他の諸兄にも心より感謝を申し上げたい。肩の力を抜いて筆を置く。

平成26年7月

小杉昌弘

やまと興業㈱　創業からの主な出来事

年　月		会社の出来事	社会の出来事
一九四四年	1月	やまと興業株式会社設立。	サイパン陥落、東条内閣が総辞職。
		農器具類の製造・販売を主業とする。	昭和新山ができる。
		現社長の小杉昌弘誕生。	アメリカで原爆が完成。
一九五五年	5月	創業以来の鉄工技術を認められ、ヤマハ発動機の協力工場となり、主として工場施設備品の製造専業となる。	トヨタ・「クラウン」発売。 アメリカのカリフォルニア州アナハイムにディズニーランド開園。
一九五八年	4月	矢崎の支援を受けてコントロールケーブルの組立製造を始める。	東京タワー竣工。 本田技研工業が「スーパーカブ」を発売。
一九六三年	1月	浜北市横須賀に第二工場を建設し、鉄工部門を移転する。	名神高速道路の栗東～尼崎が開通。 ケネディ大統領がダラスで暗殺される テレビのカラー放送開始。
一九六四年	3月	パイプ製品の加工を始める。	日本人の海外への観光渡航が自由化。
	8月	天竜市に天竜工場を建設。	気象庁富士山レーダー完成。
		女子従業員だけのコントロールケーブル工	東京オリンピック開催。

		場操業開始。	東海道新幹線開業。
一九六六年	9月	（社）日本自動車技術会のＪＡＳＯ（日本自動車技術会規格）のコントロールケーブル規格委員になる。	日本の総人口１億人突破。ビートルズ来日。日本でメートル法完全施行。
一九六七年	4月	小杉昌弘入社（初の大卒）。	国内の自動車保有が1000万台超え。
一九七〇年	1月	ワイヤロープ部門の開設によりコントロールケーブルの一貫製造メーカーとなる。	日本航空機よど号ハイジャック事件。鈴木自動車工業が「ジムニー」を発売。
	3月	企業合理化促進努力による優良企業として静岡県知事表彰を受賞。	
一九七一年	11月	中小企業庁長官表彰を受ける。	ニクソン・ショック（アメリカが金とドルの交換停止。
一九七二年	10月	中小企業庁長官表彰を記念して社員厚生会館（鉄筋コンクリート３階建延560㎡）を建設。	札幌オリンピック開催。テルアビブ空港で日本赤軍乱射事件。田中角栄通産相が「日本列島改造論」。
一九七三年	6月	第二工場（横須賀）にコントロールケーブル工場を建設し部門を拡大。本社業務を同所に移転。	日越国交樹立 セブン―イレブン設立

一九七四年	8月	新技術ブライトサイクス処理を開始。	七夕豪雨。気象庁がアメダスを運用開始 セブン―イレブン開店。
一九七五年	9月	コンピュータ販売在庫管理システムサービス（DRESS）を導入	ローソン設立。 ベトナム戦争終結。
一九七八年	12月	部品庫を新設し部品の集中管理を開始。	成田国際空港開港。 静岡県民放送（現静岡朝日テレビ）開局
一九八十年	9月	労働大臣から障害者雇用（25名以上）の優良賞を受賞。	静岡駅前の地下街でガス爆発。 イラン・イラク戦争勃発。 日本の自動車生産台数が世界第1位。
一九八一年	2月 4月 7月	障害者のための新工場を建設。 中小企業合理化モデル企業に指定される。 ブライトサイクス処理の新工場建設し2号炉を設置。	中国残留孤児が初来日。 スペースシャトル　コロンビアが初のスペースシャトルミッションで打ち上げ。
一九八二年	9月	小杉弘が会長に。 小杉昌弘が代表取締役社長に就任する。	HY戦争。 東京ディズニーランド開園。
一九八四年	2月 10月	超精密プレス加工を開始。 通商産業大臣表彰を受ける。	日経平均株価が初めて10,000円の大台 新紙幣発行「一万円札福澤諭吉」など

一九八五年	12月	天竜工場を増改築する。	NTT、JTなど民営化。 日本の総人口、約1億2100万人。
一九八六年	3月	やまとファミリー協力会設立。	男女雇用機会均等法施行。
一九八七年	10月	TPM活動キックオフ。その後、生産保全研究所の長田貴先生等の指導を受ける。	日経平均株価2万5000円、1ドル121円 世界の人口が50億人突破。
一九八九年	2月	樹脂成形1週間立上げシステム確立。	昭和天皇崩御1月7日 株価が史上最高値の38,915円87銭
一九九〇年	10月	本社工場を増築する。	東西ドイツ再統一。
一九九二年	1月 7月 10月	マレーシアでYAMATO KOGYO MALAYSIA（ポートクラン）操業開始。 小杉弘会長が死去。 PM優秀事業場賞第二類受賞。	バブル景気崩壊。 バルセロナ五輪で岩崎恭子が女子200m平泳ぎで金メダル。
一九九五年	1月 9月	創業50周年。 やまとオリジナルブランド「ファンタジックライト」を開発・発売。	1993年　日亜化学が青色LEDを開発。 阪神大震災。 地下鉄サリン事件。
一九九六年	6月 10月	「チアライト」を発売。 オリエンタルランドにLED商品納入。	東京ビッグサイトが開場。

一九九八年	4月	発光フレキシブルロッド「光字くん」を開発・発売。	第18回冬季オリンピックが長野で開催
一九九九年	1月	「ちょうちん安光」開発・発売。	ミレニアムのカウントダウン。
	7月	「eビーム」開発・発売。	
二〇〇〇年	1月	本社新工場増築。	二千円札発行、新五百円硬貨発行。
		「ろうそく安光」開発・発売。	イチロー、マリナーズ入り。
		「ライトハーティッド」開発・発売。	
		ＩＳＯ９００１認証取得（ケーブル部門）。	
二〇〇一年	2月	「ハッピーメル」開発・発売。	第一次小泉内閣。
	4月	クレープとイルミネーションの店「アヴスウェ」をなゆた浜北に出店。	東京ディズニーシー開園。 9・11発生。
二〇〇二年	1月	ＩＳＯ９００１認証取得（パイプ部門）。	ユーロ流通開始。
	10月	豊町にアヴスウェを独立店舗で開店。	完全週休5日制のゆとり教育スタート。
	11月	中国工場操業開始（広東省）。	ノーベル物理学賞に小柴昌俊。
二〇〇三年	9月	高齢者雇用開発コンテストで厚生労働大臣優秀賞を受賞。	東海道新幹線品川駅が開業。
	10月	ＬＥＤハウスラッピングを開始。	地上デジタルテレビジョン放送。

	11月	ＩＳＯ１４００１認証取得。	
二〇〇四年	4月	浜名湖花博にＬＥＤ花芽誘導装置を展示。	浜名湖花博が開催。
	9月	センサー事業開始。	九州新幹線開業。
二〇〇五年	1月	優秀経営者顕彰「地域貢献者賞」に社長が選ばれる（日刊工業新聞社）。	「愛」地球博（愛知万博）開催。 ＪＲ福知山線脱線事故。
	9月	都田工場操業開始。	
	10月	粉末茶、超硬合金事業を開始。	
	11月	フィリピン実習生の受け入れ開始。	
二〇〇六年	3月	中小企業庁から明日の日本を支える「元気なモノつくり中小企業300社」に選定。	日本郵政株式会社発足。 トリノ冬季オリンピック開幕。
	5月	静岡県を支える企業群に選定される。	
二〇〇七年	5月	都田新工場建設開始。	自民党福田内閣発足。
	9月	名古屋駅前ＬＥＤイルミネーションを納入	鳥インフルエンザ猛威。
	11月	「べにふうきマスク」開発・販売。	
二〇〇八年	3月	創業者小杉弘生誕100年の集い開催。	北京オリンピック開催。
		経済産業省からチンゲンサイのＬＥＤ花芽誘導で「農商工連携88選」に選定される。	リーマン・ショックで不況。

	4月	都田工場に新工場を増築しエアコンパイプ事業を拡大。	
二〇〇九年	1月	業務改革プロジェクト（GKP）スタート	米大統領にバラク・オバマが就任。
	2月	超不況、中小企業緊急雇用安定助成金受給	裁判員制度スタート。
	5月	ベトナム工場操業開始（ハノイ）。	ゼネラルモーターズ（GM）が経営破綻。
	10月	静岡県知事から産業技術振興功労賞受賞。	スズキとフォルクスワーゲンが業務資本提携。
二〇一〇年	1月	本田技研工業㈱より品質優良感謝賞受賞。	鳩山内閣辞職。
	5月	小松工場から都田新工場にエアコンパイプ事業を集約。	上海万博開催。 日本で皆既日食が見られた。
	6月	「ハイパワーチアライト」を開発・発売。	
二〇一一年	6月	富士重工業㈱から品質賞を受賞。	東日本大震災。
	8月	中国工場が独資会社へ転換。	なでしこジャパン優勝。
	11月	ベトナム工場開所式。	
		発電機事業開始。	
二〇一二年	1月	「かみかみべにふうき」発売。	東京スカイツリー竣工、高さ634m。
	3月	低炭素事業でLED製品製造設備導入。	日本、中国、米国等で金環日食を観測。

	5月	やまとモノ作り原則活動スタート。	尖閣諸島の国有化。
	11月	中国工場十周年。	
	12月	インドネシア工場操業開始（ジャカルタ）。	
二〇一三年	3月	都田工場で出力100 kWのソーラー発電と売電開始。	激暑　高知県四万十市で41.0℃を記録 2020年の夏季五輪開催地が東京に決定
	4月	「LEDキラキラハート」、「アングリラ」開発・発売。ライティングフェアに出展。	
	11月	東京モーターショーに出展。	
二〇一四年	1月	創業70周年	消費税が8％になる。
	8月	ベトナム第二工場完成	

社長の営業講話　第1回（2012年3月）
「第一印象が大切」
　全ては笑顔から始まる…いい顔・いい笑顔で相手の懐にとびこむ

1．営業の第一歩は初対面から始まる
　①相手は別に今日会わなくてもいいと思っている（消極的対面）
　②それでも挨拶程度に会っておこう。どんな人間かな？（懐疑的対面）
　③魅力のある方であれば。利害は。もしかして。（事務的＋期待感）
　　消極的・懐疑的で事務的な相手にどうやって認めてもらうことが可能ですか

2．相手の警戒心を解く創意工夫をする
　①身だしなみと礼節を磨く。お辞儀は「両手を膝頭にあて、ゆっくりと頭を下げ心のこもったお辞儀」をする。
　②やわらかい笑顔と破顔満面で接する。自分の最上級の笑顔を毎日出勤前に自宅の鏡の前で訓練する。家族の評価を受ける。
　③名刺は武士の刀と思え。受け方、差し出し方にも礼儀がある。
　　「あんさんのお辞儀は心がこもってまへんで」「瀬戸さんおいでやす」
　（日経新聞の私の履歴書から引用）

3．私の実行してきたこと
　①相手の眼を見て、心の中をのぞく（つながったことを確認する）
　②明るく元気な声で相手の反応をうかがう（TPOの使い分けも大切）
　③待っている間は周囲をよく観察し、着座しないで登場を待つ
　④お茶やコーヒーの接待を受けたら黙礼。退室する時までに全部のみきる
　⑤名前と顔を覚えてもらうよう姓名をはっきり伝えているかを確認する
　⑥次回のアポイントの約束をとる
　　帰り際の魅力により　もう一度会いたい、いっしょに仕事をしたい、任せてみたいという気持ちになってもらったら大成功。

4．会釈はおしゃれな挨拶
　①黙って10㎝頭を下げるだけの何気ない習慣を見につけよう
　②一秒間　目があった方には会釈をする癖をつけておこう
　③会釈が返ってこなくても習慣にしているといつかは返礼の会釈が返ってくる

社長の営業講話　第２回（2012 年４月）
「人柄を売り込む」
　この人はいい人、いっしょにいると心地よい
１．まず自分のことが好きになれ
　①お客様に受け入れられる決定打はコミュニケーション能力ではない。口べたでも訥弁（とつべん）でも人が寄ってくる人もいれば饒舌でも寄ってこない人もいる
　②スタートはまず自分という人間が好きになり親友になることだ
　　自分という人間が好きであろうと嫌いであろうが例外なく死ぬまで付き合い続けなければならない。自分を思いきりほめてみよう
　③両親や親しい友人に自分のいいところを一つづつ教えてもらう
　　自分のことを認めてあげられない人が相手のことを心から認めてあげることはできない
　　人に好かれる人は人を認めてあげられる人

２．今会っている人に全エネルギーを集中し自分の全てをさらけ出す
　①今会っている眼の前にいる人とお互いに貴重な時間を費やしている事実に感謝する気持ちを持ち続ける
　②いつも自分にとって今すぐメリットがあるか否かだけを気にしていて、メリットがないと悟ると相手をぞんざいに扱う人は落ちぶれた人
　③成功者は例外なく時間を大切にする。せっかく時間を割いたからその人（私）との出会いを大切にする。お互いに成長しつづける人脈となる
　　成長しつづけている人は、同じく成長しつづけている人の人脈が多い

３．相手が認めてくれ、仕事をいっしょにやろうと言われる人は「かわいげ」がある
　①嫌われてしまう人の共通点は「かわいげ」がない
　　媚（こ）びなければならないとかことばづかいがバカていねいであることではない
　②アドバイスをもらった時、たとえ納得がいかなくてもしつこく理由を聞かずとりあえずやってみる
　③折角自分の経験から知恵をタダで教えてやっているのに、それを疑ってかかる相手には嫌気がさす
　　すぐやってみて失敗しながらしくじりながら自分で気づいて成長する

社長の営業講話　第３回（2012年５月）
「話題の引出しを沢山もつ」
　相手の専門と雑談の組合わせで意気投合

１．配属された自分の担当商品の猛勉強をする
　①会社で一番 商品知識では誰にも負けないと覚悟を決める
　　資料を集める、整理する。片端しから情報を叩き込む
　②商品知識がいつでもとり出せるよう見出しを付けてファイルする
　　この情報量の差が勝敗を決める差と心得る
　③技術的（JIS規格・JASO規格など）な情報も自分で収集する
　　手間暇かけて、自分で手に入れる
　　まず自分の専門性がどれだけ高められるか努力を積む、勉強する

２．自分の生いたちからの人生を振り返り自分自身をよく分析する
　①性格の良いところをまず10項目拾い出す。続いて更に10項目
　　全部書き出しておく（目標100）
　②勉強はどんなことをしてきたか、得意な課目、分野はどんな事
　　これもまず10項目、続いて10項目（目標100）
　③趣味やスポーツ、美術、旅行、食物、オシャレ、洋服、靴、帽子、サングラス、ベルト、ハンカチ……できるだけ細分化して書き出す
　　今一度自分の長所を徹底的に洗い出し、自信をつける材料とする

３．商談相手の人間的魅力と自身の人間的魅力が一致する喜び
　①自身の専門分野で評価され、敬われる
　　商品の知識の深かさ、日本国内だけでなくグローバルな情報の共有
　②生活スタイルやトレンドがピッタリ一致する
　　雑談のテーマの提供はまずこちらから。相手が新しいテーマを投げてきたらどんどん乗っかる
　　常に相手ペースになったら成功
　③肝心な商談は簡単に済んだら、雑談に興ずるべし
　　商談とは価格（お金のはなし）と結論を出すこと

　本気で目の前にいるお客様のためになろうと考えて仕事をすることがつながる

社長の営業講話　第４回（2012年６月）
「多言よりも聞き上手」
　信頼されると相手はどんどんしゃべってくれる
1．訪問目的を明確にし、事前の準備を怠らなくしておく
　①生産情報(短計･中計など)は精度と収集時期(入手のタイミング)が重要。新聞･発表程度では物足らない。あとからでもペーパーも入手する
　②開発情報は秘が多い。聞き出したい内容について100項目の質問を用意する。
　用意周到、精度が高く内容の濃い情報はこうして手に入れる
　③お客様の要望・要求を聞き逃すな。無理難題であっても疎かにしない。
　まず受け止めて、独断で判断しない。宝の山となることがある
　どんな情報を得たいかの「100項目質問シート」で営業マンのレベルが決まる
2．インタビューのうまいNHKのスポーツアナウンサーから聞き上手のテクニックを盗め
　①質問は要領よくできるだけ短いことばで。発展性のあるストーリーをあらかじめ準備しておく。実際に作ってみる。あれこれ考える。
　②相づちが重要。うなづく、深くうなづく、２度３度うなづく。声に出さなくても相手には伝わる。「はい」「なるほど」「それで」「いつから」「そうですか」……。
　③聞き出す姿勢は謙虚でなくてはならない。イスには浅く座り、やや前のめり、身体を乗り出すようにする。眼は相手の瞳をみる。表情の変化を絶えずチェック
　自分が求めれば身近かな所にモデル、先生はいる。求めれば得ることができる
3．核心にふれる質問で相手が逃げ腰の場合は深追いはしない
　①嫌っている相手を追いつめては百害あって一利なし。その時は雑談に。
　特に相手の趣味とか昨日の野球・サッカーの話題に切りかえる。
　②雑談がおもしろく興にのってくると相手の心が開いてくる。帰り際に気がかわって核心を教えてくれることがある。心を開いてくれた喜びを味わおう
　③別れ際の挨拶は自分が満たされていようが、そうでなかろうが丁寧にしなければならない。立ちあがったらイスを戻し、背筋をピンとのばし感謝をこめる
　丁寧とは「ありがとうございました」と２秒間、そしてもう一度３秒間頭を下げること。また来てください、お会いしましょうといわれたら大満足。帰ったらメールで御礼

社長の営業講話　第５回（2012 年７月）
「現場を見せる」
　専門知識をどんどん提供する。いよいよ上司の登場
１．営業マンは常にお客様に対し最高のプレゼンテーションを心掛けるが「現場まで足を運んでもらう」ことで達成度は 100％—ここで決めるぞ—
　①売り技術、売り製品だけでなく製造現場が売り場と思う。
　　営業の声は天の声、お客様の声と心得るよう現場に要求する
　②受入当日のタイムスケジュールを事前に準備し、現場での受入態勢を整える。
　　事前（前日）に自分で現場を最終確認、しっかり下見
　③帳票類、掲示物、説明用小道具、サンプルなどをチェックする。
　　「○○氏のための受入準備」という気持で誠心誠意。気持が入っているか自問自答を
　「現場が営業する」とは営業マンが現場と共同で現場を鍛え育てることに通ず
２．到着・出迎え・ご案内 全ての場面で低頭、笑顔、明るく元気なあいさつを。この会社の第一印象はここで決まる
　①役員（社長含む)、上司の登場は演出が大事。しかし相手を待たせるのはダメ。
　②自分の客は玄関で待っていて「お待ちしておりました」と出迎えること
　③わざわざ足を運んでくださった喜びを述べるとともに、ご足労をかけたことへの謝辞を冒頭にいう。丁寧な会釈（２秒＋３秒）を忘れずに
　「お客様は神様です」の名言あり、今実行しなくていつ実行する？
３．プレゼンテーションは「○○氏のため」とし、簡潔でスマートな展開を心掛ける。
　①専門的知識の提供が最高の礼儀となる。お客様の知識欲を満たすよう、自分の持っている知識だけではなく、専門の部署の指導を受ける
　②プレゼンの分担を事前に決めておき、複数人で説明するのも良い。
　　お客様にとって気持のよいストーリーが肝要
　③配布資料も用意しておく。要求があれば技術資料でも可能な限り出す。
　　このような要求に応える備え、たくわえが自分にあるか、日々成長の証を示せ
　「この日のお陰で営業マンとしての自分の専門知識が深まる」ことを信じ、勉強に努める。眼力を鍛え、胆力を養う

社長の営業講話　第6回（2012年8月）
「野の花プレゼント」
　その気持がうれしい。貰うと返さなくては……
1．個人としての付き合いの始まりが「野の花プレゼント」になる。仕事を通じて知り合い、双方が心を許しあう関係を築いた時 仕事が面白い
①道端にひっそり清楚に咲いている花を「野の花」という。その気になり注意深く観察すると春夏秋冬いずれの季節でも素材には事欠かない
②ラッピングの紙は日経ビジネスや話題の週刊誌などの紙面を使うもよし。この選択で話題の提供になることも。
③「野の花」の名前を調べておいて「何という花」と聞かれればさり気なく答える。
　スカンポ・つくし・たんぽぽ・なでしこ・おしろい花・狸のしっぽ・イヌノフグリ…。それにしても「野の花プレゼント」キザで自分の性分に合わないと思っても勇気を出してやってみよう
2．趣味で栽培したナスやトマト、ゴーヤ。自宅の庭のいちじく、柿。昨日釣った鮎などのプレゼントも相手の喜ぶ顔がまぶしい
①自分が手塩にかけて手に入れた思い入れのある「モノ」はどんな高価な商品よりもどんな美しい華やかなモノよりも価値は比べものにならない程 高い
②趣味の絵、色紙に画いた花・書 いずれも自分を表現する逸品。
　はずかしいけれどもこれを渡せるような「おつきあい」ができたら最高です
③庭で咲いていた花を折っていただいた時の感激は忘れられない。
　手塩にかけた大切なものを「この私のために」折ってくれた喜びは大きい
　相手の住まいを尋ね、自分の家まで来てくれるような関係になると尊敬できる親分子分友となる
3．生涯の友としてのつきあいの原点は信じあえる関係がベース。形のあるプレゼントは好感という感情にかわる
①うれしかった事、驚いた事など心がときめいた感情はことばと文字にして伝える
②何に「心を奪われたか」「感服したか」初めての体験の喜びを、自分の言葉で綴っておく。いざという時これが役に立つ
③御礼の仕方にも工夫がほしい。昨日の喜び、感動が今日も言えますか？
　1回よりも2回、2回よりも時々・折々に言うことで相手の心に響きます
　仕事を通じて信頼され生涯の友となる幸せを手に入れよう。

社長の営業講話　第７回（2012年９月）
「相手が求めるものは何か」
　スケールの大きい２～３年先の事業計画・開発計画を聞き出す
１．営業マンとして会社の新しい事業につながる仕事を創り出す。お客様が「この男（女）がどんな仕事をするか試してみよう。チャンスを与えてやろう」と考えてくれる
①信頼され愛される関係が築かれれば、お客様の大切な情報を発信する。
　この仕事に挑戦してみませんか。新しい仕事です
②パートナーとして充分信頼できる人と評価されるまで全力で走れ。一途に一心にお客様のため、この仕事のためと全力を尽す
③個有技術、新規開発能力、特にVA提案力を磨く。そしてモノづくりの原点をはずすな（現場があって仕事がある）
　ライバルメーカーをうならせる提案であればMLによるトラブルを最小限にできる
２．コストが安くて受注できただけでは事業として成り立たない。まず営業利益率の３年間目標を作ってみる。体力勝負の戦いはしない
①個別損益が基本。営業がどれだけ他部署の人を動員できるか、仕入先の協力を得られるか、そしてそれをまとめあげる能力を発揮できるかが重要である。コンダクターは営業が担う
②将来に亘り発展性があるか、需要はどの位の規模になり得るか見通す。最後は山カンでもいい。数字を作ってみる
③規模の追求には落とし穴がある。小さく生んで大きく育てる考え方が基本
　F/Sがしっかりできていない事業はスタートしてはいけない。
　急がなくても次のチャンスがある
３．相手が求めるものは「グッドパートナー」の関係、双方にとって利のある取引となる。育成していこう、支援もやぶさかではない。共存共栄の関係を築けていけるか
①魅力のある人は魅力のある仕事をしてくれるだろう。この人に任せてみたい。きっといい仕事をしてくれる。信頼しても大丈夫と思ってもらえる
②専門家集団を育成し統率する企業はトップランナーになってくるだろう。最新の技術・情報を常に提供しつづけるはずだ。こういう仕掛けをくりかえす
③普段の仕事ぶりを通じて絶対的な信頼が生まれるものだ。特別な奇を照らすような行動は慎め
　約束を守り、まじめにコツコツ積み上げていると神様がごほうびをくれることがある

社長の営業講話　第８回（2012 年 10 月）
「やはりピンポン対応は宝物」
　ピンポン対応とはお客様が感動する程のスピードで判断・行動・報告を繰り返す営業ツールである
1．最も速い者が全ての仕事で優先権をもつ。一番でないと。二番では苦しい。
①ヨーイドンで発せられた情報の取り扱いに時間の余裕はない。まず最初にどんな情報、資料が提供できるかだ。内容もさることながらスピードが最も大切です。
②悩んでいるより、考えているよりまず実行。そして質問、問い合わせで相手に印象付けをする。更なる新情報・ネタにありつくこともある
③第一印象で「速い」と思わせることが成功の第一歩となる。そして信頼につながる
2．繰り返し、度々、ヒンパン（頻繁）に情報交換。心地いい間が関係を深める
①ピンポン（卓球）は全てのオリンピック競技の中で最も速く相手とのやりとりを楽しむ競技である。１秒２秒の短い時間に情況判断し、攻撃・守備の技を決める
②激しいラリーの応酬は競技者の実力の発揮どころ。観客も興奮し拍手
③認めあう仲となれば「ピンポンラリーの間（ま）」を楽しみ、愉快な仕事となる
　厳しく激しくやりあった真剣勝負が完結する。しかも目標通りの成果がえられた。これこそ人生で最も嬉しい、大切な出来事
3．深堀り、調査、実験など深夜まで及ぶ業務は「宝物」が誕生するチャンスとなる。相棒、仲間とも共に成功を分かち合う
①新技術や特許につながる業務についた時は心身とも大変だが、この仕事をやり甲斐のある仕事、チャンス到来と考え受けとめる。疲れない面白い仕事となる
②お客様と２人３脚で開発、調査する体制をまず作る。そして刻々情報を発信する。できれば毎日帰宅する時間に（23:00　メールに記録が残る）
③お客様は「こんな遅い時間まで私の仕事をやってくれている」と感謝の気持で接してくれるにちがいない。当然 待っている返事、回答はすぐ届く
　あなたは私が人生で出会った中で最も尊敬できる方です。これからもご指導ください。そしていつまでもできれば死ぬまでおつきあいをさせてください。

　望まれるなら棺桶の中までもついていきます

社長の営業講話　第9回（2012年11月）
「ころ合いをみてノミニケーション
〝5時から男〟の出番は短時間を時々
①個人としての魅力をどのようにして相手に伝えるか。そのツールの一つがノミニケーション。
1人は誰でも気分がよくなった時、うれしい時に一杯やりたくなるものだ。仕事を通じてお客様である相手から誘われれば、断る理由などない
②自分から誘いたくなる程うれしかったら勇気を持って「一杯やりましょう」といおう。きっと良い返事がもらえるはずだ。
③どこでやるか、相手の陣地か、自分の陣地か、好みは何か、酒はのむのか、強いのか、やると決まるとこのことで話題は尽きない。ここでもピンポン対応で盛り上がる
会話が盛り上がり「やる」と決まれば早いタイミングがいい（その日も有り）。勘定は割勘
2．永続きするノミニケーションのコツは無理をしないで相手に合わせること。聞き役・相づちに徹する、腰を軽く、で好印象
①リーダーシップは先方にとらせるように仕向ける。譲られれば気持よく受けても可。居酒屋、焼鳥屋、どこにする？
②注文はまずビールかな。料理の注文も1～2品素早く決める（早く出るもの）
追加注文も相手の好きなもの優先。1つ位は自分の好みを入れていい
③ゆっくりやりたくても最初は1時間位がメド。長くない方が良い。「次を楽しみにする」という雰囲気で終えられれば、次につながる。自分の店を1～2軒用意されているといい
3．今日もいい仕事ができたので終わったら一杯やりましょう。今度は何にしましょう。二度目以降は会社のネタになる情報も必要となる
①お酒の話題は実に奥深い。スタートは「とりあえずビール！」ビールの銘柄も多くなりました。外国産を加えると10を越える。生ビールもおいしい
②日本酒はニッポンの自慢すべき財産。だから勉強しておくといい。地酒の銘柄選びも楽しい。「男山」「八海山」「女泣かせ」は旨い酒だ。名前を覚えよう
③何んといってもおいしい酒の肴を選ぶのは楽しい。旨い魚に出合ったら思わず笑っちゃう。新橋の「根室食堂」有楽町のガード下の焼鳥屋も絶品
仕事は気合だあ。ノミニケーションも気合かな。人生楽しく明るくやっていこう

社長の営業講話　第10回（2012年12）
「自分をさらけ出す」
　Give & Give で信頼される。Take は後からついてくる
1．バイヤーとサプライヤーの関係は対等ではない。ほとんど全ての場面で王様と奴隷ほどの立場の差があると思え
①上から目線、高飛車で強引な商談に出会うことがある。これで相手が気持よくなっているのであれば、自分は腹を立てず、おこらず全てを受け入れてしまえば、意外と自分のペースで商売できるものだ
②正論が正しいとは限らない。お客様の意思、考え方を受け入れないととんでもない結果になることがある。おかしい、間違っているお客様の意見に同調する勇気、度量をもとう
③先代 小杉弘の残したことばに「売るもお客、買うもお客」がある。買っていただいた方はもちろんお客様であるが、部材を売ってくれた方がいて初めて物を作ることができる。
2．安く買いたい、高く売りたい。価格交渉の場は真に戦場だ。「できる」「できない」が交錯する。これをコントロールできれば苦労も吹きとび愉快な達成感を味わえる
①売価は相手が納得した値段。正しい原価計算が基準となるが掛率は相手次第となる。競争で決まる売価でも利潤をあげなければ事業はやっていけない。営業にコストローリングは不可欠。
②価格交渉の最終場面で、生産現場、そこで物づくりをしてくれている一人ひとりの顔が浮かんでくる。この人達のためにもねばってねばって少しでも高く買ってもらう
③ M/L（メーカーレイアウト）が決定したということは企業の総合力の勝利といえる。営業担当者一人だけの勝利でないことを忘れてはならない
3．「自分をさらけ出す」とは本音が言えて、相手に認めてもらえて、そして明るく元気に大きく考えて行動ができること。弱音も弱点も全てを認めてもらうことです
① Give & Take は対等になった時に使うことば。全ては Give & Give から始まる。Take は後から付いてくる
②世界での競争に打ち勝つには、他の人がこれまでやっていないことをやらなければいけない。新しいことに挑戦し、それを成功させる情熱を持ちつづければ誰れかが認めてくれる
③できる人は瞬時に正しい判断を下せるものだ。優先順位、問題発見力、思いやり力、創造力、洞察力、組織活用力などを身につけよう。
　とりあえず今回で営業講話を終了します。又機会があれば声をかけてください

心の経営シリーズ

この会社で幸せをつかもう

平成二十六年十一月九日　初版発行

著者　小杉昌弘

発行者　手塚容子
印刷所　善本社事業部

〒一〇一-〇〇五一　東京都千代田区神田神保町二—十四—一〇三
発行所　株式会社　善本社
TEL　（〇三）五二一三—四八三七
FAX　（〇三）五二一三—四八三八

ISBN978－4－7939－0466－0　C2334